战略性新兴领域"十四五"高等教育系列教材

功能材料与器件基础

主　编　周建华
副主编　苗　蕾　刘呈燕
参　编　陈俊良　高　杰　赖华俊　王潇漾
　　　　穆晓江　王　凤　刘　静　袁昌来

机 械 工 业 出 版 社

本书是根据教育部新的学科专业目录对材料科学与工程、功能材料、新能源材料与器件专业的课程设计和教学内容的要求，以及加强教材建设、编写面向 21 世纪优秀教材的精神，结合新工科复合型高技术人才知识学习和能力培养的教学诉求编写的。

全书共 7 章，第 1 章介绍功能材料的特点、分类及器件发展历程。第 2~7 章介绍以二次功能材料为基础的典型器件，包括功率半导体分立器件、光电转换材料与器件、功能电介质材料与器件、热电转换材料与器件、敏感材料与传感器、化学电源材料与器件。

本书既适合作为普通高等院校本科材料类、电子信息类、机械类等与功能材料器件密切相关专业的教材，也可作为独立学院、高职（专科）院校和成人高等学校等院校的同类专业的教材，还可供企业及培训机构的相关技术人员参考。

本书配有电子教案、多媒体课件等数字资源，凡选用本书作为教材的教师均可登录机械工业出版社教育服务网（http://www.cmpedu.com）注册后下载。

图书在版编目（CIP）数据

功能材料与器件基础／周建华主编. -- 北京：机械工业出版社，2024.11. --（战略性新兴领域"十四五"高等教育系列教材）. -- ISBN 978-7-111-77447-1

Ⅰ. TB34；TN103

中国国家版本馆 CIP 数据核字第 2024HG3076 号

机械工业出版社（北京市百万庄大街 22 号　邮政编码 100037）
策划编辑：赵亚敏　　　　　　责任编辑：赵亚敏　赵晓峰
责任校对：樊钟英　李　婷　　封面设计：张　静
责任印制：任维东
天津嘉恒印务有限公司印刷
2024 年 12 月第 1 版第 1 次印刷
184mm×260mm・11 印张・268 千字
标准书号：ISBN 978-7-111-77447-1
定价：45.00 元

电话服务　　　　　　　　　　网络服务
客服电话：010-88361066　　　机 工 官 网：www.cmpbook.com
　　　　　010-88379833　　　机 工 官 博：weibo.com/cmp1952
　　　　　010-68326294　　　金 书 网：www.golden-book.com
封底无防伪标均为盗版　　　机工教育服务网：www.cmpedu.com

前　言

当前，世界正在经历一场更大范围、更深层次的新工业革命，信息技术、制造技术、能源技术、材料技术交叉融合、深度渗透、群体性突破、协同应用，新技术、新业态、新产业层出不穷，一批标志性通用技术（如数字化制造、5G、人工智能等）涌现并向各产业领域渗透。

一代材料、一代器件，一代技术、一代装备。新兴功能材料导致颠覆性技术的出现，推动了产业变革。我国"十四五"规划指出：聚焦新一代信息技术、生物技术、新能源、新材料、高端装备、新能源汽车、绿色环保以及航空航天、海洋装备等战略性新兴产业，加快关键核心技术创新应用，增强要素保障能力，培育壮大产业发展新动能。这些战略性新兴产业科技与新材料的发展高度融合，创新步伐持续加快，推动了功能材料器件的不断推陈出新和产业化进程，对功能材料制作成的处理器、存储器、传感器等都提出了新的需求，对超小尺寸、超高速、超高效率、超低功耗功能器件技术的需求日益迫切，这为功能材料器件的大发展提供了难得的历史机遇。

同时，不断涌现的功能材料器件制备、加工、应用技术为信息、制造、能源、空间、海洋、生命等领域的开拓发展提供了更广泛的创新基础。电子信息功能材料是实现信息感知、计算、发送、传输、接收和存储的物质基础，是人工智能、智能传感、虚拟现实/增强现实、区块链和大数据等产业发展与进步的先导条件。能源清洁低碳化趋势已经成为全球共识，变革性能源材料技术是未来发展的关键领域。其中，新能源汽车的大规模发展大幅度降低了燃油的消耗，汽车电动化和智能化变革为大势所趋，光伏发电和储能技术是主要的解决方案，"光—储—配—用"绿色电力全链条一体化是"双碳"目标实现的关键。随着新型感知技术和自动化技术的应用，先进制造技术正在向智能化的方向发展，在数控装备的基础上集成若干智能控制软件和模块，使制造工艺能适应制造环境和制造过程的变化以达到优化。具有感知、分析、推理、决策、控制功能，实现高效、高品质、节能环保和安全可靠生产的下一代制造装备的支撑材料，是未来产业发展的急需。

功能材料及其器件多学科交叉融合，应用各种新技术和新工艺，涉及领域非常广泛。高校材料科学与工程、功能材料、新能源材料与器件、光电信息、金属材料、无机非金属材料、材料物理、材料化学等相关专业，均结合国家战略新兴产业开设了功能材料器件教学课程，然而真正结合当前时代背景、具有"新工科"特色的有关功能材料器件方面的教材却较少。本书是编者在本科高校多年授课的基础上，借鉴各种图书的优点编写的一本新工科特色教材。本书以材料—器件—应用为主线，强调功能材料的组成、结构、工艺与性能之间的关系，着重通过具体案例介绍，使读者掌握材料和器件性能特征及实际应用，如器件应用背景、工作原理、结构组成、核心材料选用、材料及器件制

IV

备工艺等，提升相关专业的器件设计与应用研究能力。

　　本书从系统性和相对独立性考虑，在内容的选取和编排上力求实用。第 1 章总述功能材料的特点、分类及器件发展历程。第 2 章在介绍 PN 结机理与特性的基础上，拓展介绍了 PIN 二极管、双极型晶体管、MOSFET、IGBT 和晶闸管，阐述了这些器件的基本工作原理、特性和主要参数。第 3 章介绍了光电转换材料与器件，包括光电倍增管、光敏电阻、太阳能电池和发光二极管。第 4 章、第 5 章主要介绍了功能电介质、热电转换材料与器件。第 6 章介绍了敏感材料与传感器，选取了几种常见的传感器，如电阻式应变传感器、霍尔传感器、红外温度传感器、湿度传感器、气敏传感器和光纤传感器。第 7 章介绍了几种化学电源材料与器件，包括锂离子电池、超级电容器和燃料电池。本书本着突出重点、通俗易懂的原则，叙述的重点放在了基本概念、基本工作原理、结构和性能参数上，着重阐述功能器件在各种不同应用场景下的特征，尽可能地用浅显易懂的语言表述复杂的道理，而又不失其精髓。同时，省略了烦琐的数学推导，从而使内容更精练、重点更突出。本书各章内容可以单独选择或任意组合使用。

　　本书的编写离不开所有编者的努力。桂林电子科技大学的周建华设计和统筹全书，编写了第 1 章、第 4 章、第 6 章、第 7 章。广西大学的苗蕾和桂林电子科技大学的陈俊良编写了第 2 章。广西科学院的赖华俊编写了第 3 章。桂林电子科技大学的袁昌来参与编写了第 4 章。桂林电子科技大学的刘呈燕和高杰编写了第 5 章。广西大学的穆晓江和桂林电子科技大学的刘静参与编写了第 6 章。广西大学的王潇漾和桂林电子科技大学的王凤参与编写了第 7 章。周建华担任主编，负责全书统稿。苗蕾和刘呈燕担任副主编。此外，桂林电子科技大学材料科学与工程学院的领导在本书编写过程中给予了大力支持和帮助，在此一并表示感谢。

　　在本书的编写过程中，参阅了许多文献，从中汲取了不少有益的内容和叙述方法，在此向作者们深表谢意。

　　由于编者水平有限，书中难免存在一些不足、不妥或疏漏之处，恳请广大读者批评指正。

编　者

目　录

第 1 章
绪　　论

信息、能源、材料是人类文明的三大支柱。新材料是人类赖以生存的物质基础，每种新材料的出现及应用都将伴随着现代科学技术的巨大飞跃。从现代科学技术史中不难看出，每一项重大科技的突破在很大程度上都依赖于相应的新材料的发展。所以新材料是现代科技发展之本，美国将新材料称为"科技发展的骨肉"。我国"十四五"规划明确强调要发展战略性新兴产业，加快壮大新一代信息技术、生物技术、新能源、新材料、高端装备、新能源汽车、绿色环保以及航空航天、海洋装备等产业。

当今世界，科技与产业酝酿着新的突破与变革，各国都将新材料视为产业竞争力的基础和关键。我国已发展成为一个材料大国，许多基础材料的产能已居全球之冠，材料研究队伍规模列世界首位，但距离材料强国还有一段距离。新材料与信息、能源、生物等高技术加速融合，AI+、互联网+、材料基因组计划、增材制造等新技术新模式蓬勃兴起，新材料创新步伐持续加快，国际竞争日趋激烈。"十四五"期间，我国将打造大国之材，跻身"新材料"强国行列。

新材料技术也被称为"发明之母"和"产业粮食"，新材料的研究是人类对物质性质认识和应用向更深层次的进军，代表了科学技术发展的前沿。所谓新材料，是指新近发展或正在发展的具有优异性能的结构材料和有特殊性质的功能材料。目前关于结构材料和功能材料分类的严格定义还不统一。多数人认为，结构材料是以强度、刚度、韧性、耐磨性、硬度、疲劳强度等力学性能为特征的材料。功能材料是指通过声、光、电、磁、热、化学、生化等作用后具有特定功能的材料。在国外，常将这类材料称为功能材料（Functional Materials）、特种材料（Speciality Materials）或精细材料（Fine Materials），涉及范围特别广泛。自 1965 年美国贝尔实验室的 J. A. Morton 博士首先提出功能材料的概念以来，这一类的材料发展十分迅速，而且值得注意的是，随着科学技术的发展，各种材料的潜在性能正在被开发，同一种材料在不同的条件下使用，其功能作用也可以改变。例如，铝合金是结构材料，但对阳光有高反射率，又可充当功能材料使用。

新材料的发现、发明和应用推广与技术革命和产业变革密不可分。一代材料、一代器件，一代技术、一代设备。新材料对新兴产业发展具有基础和先导作用，对国民经济、国防军工建设起着重要的支撑和保障作用。材料工业是国民经济的基础产业，新材料是材料工业发展的先导，是重要的战略性新兴产业。当前，我国正处于新材料工业由大变强的关键时期，加快培育和发展新材料产业，对于新材料工业升级换代，支撑战略性新兴产业发展，保障国家重大工程建设，促进传统产业转型升级，构建国际竞争新优势具有重要的战略意义。

1.1 功能材料的特点与分类

绪论

功能材料是指那些具有优良的电学、磁学、光学、热学、声学、力学、化学、生物医学功能，特殊的物理、化学、生物学效应，能完成功能相互转化，主要用来制造各种功能元器件而被广泛应用于各类高科技领域的高新技术材料。

功能材料是新材料领域的核心，是国民经济、社会发展及国防建设的基础和先导。它涉及信息技术、生物工程技术、能源技术、纳米技术、环保技术、空间技术、计算机技术、海洋工程技术等现代高新技术及其产业。功能材料不仅对高新技术的发展起着重要的推动和支撑作用，还对我国相关传统产业的改造和升级，实现跨越式发展起着重要的促进作用。

当前，国际上功能材料及其应用技术正面临新的突破，诸如超导材料、微电子材料、光子材料、信息材料、能源转换与存储材料、生态环境材料、生物医用材料及材料的分子、原子设计等正处于日新月异的发展之中，发展功能材料技术正在成为一些发达国家强化其经济及军事优势的重要手段。

功能材料种类繁多，涉及面广，本身的范围还没有公认的、严格的界定，所以对它的分类就很难有统一的认识。比较常见的分类方法如下：

1）根据材料种类进行分类。分为金属功能材料、无机非金属功能材料、有机功能材料、复合功能材料等。

2）根据材料的功能性进行分类。大致可分为 9 大类型：电学功能材料、磁学功能材料、光学功能材料、声学功能材料、力学功能材料、热学功能材料、化学功能材料、生物医学功能材料和核功能材料。

3）根据材料应用的技术领域进行分类。主要可分为信息材料、电子材料、电工材料、电讯材料、计算机材料、传感材料、仪器仪表材料、能源材料、航空航天材料、生物医用材料。

另外，按功能的显示过程可分为一次功能材料和二次功能材料。

1）一次功能材料。当向材料输入的能量和从材料输出的能量属于同一种形式时，材料起到能量传输部件的作用，材料的这种功能称为一次功能。以一次功能为使用目的的材料即为一次功能材料又称为载体材料。一次功能材料分类如下：

① 力学功能。如惯性、黏性、流动性、润滑性、成型性、超塑性、恒弹性、高弹性、振动性和防振性。

② 声功能。如隔声性、吸声性。

③ 热功能。如传热性、隔热性、吸热性和蓄热性。

④ 电功能。如导电性、超导性、绝缘性等。

⑤ 磁功能。如硬磁性、软磁性、半硬磁性等。

⑥ 光功能。如遮光性、透光性、折射光性、反射光性、吸光性、偏振光性、分光性、聚光性等。

⑦ 化学功能。如吸附作用、气体吸附性、催化作用、生物化学反应、酶反应等。

⑧ 其他功能。如放射性、电磁波特性等。

2）二次功能材料。当向材料输入的能量和从材料输出的能量属于不同形式时，材料起到能量转换部件的作用，材料的这种功能称为二次功能或高次功能。以二次功能为使用目的的材料即为二次功能材料。二次功能按能量的转换系统可分类如下：

① 光能和其他形式能量的转换。如光生伏特效应、光电导效应、光合成反应、光分解反应、光化反应、光致抗蚀、化学发光、感光反应和光致伸缩。

② 电能和其他形式能量的转换。如热电效应、电光效应、电磁效应、电阻发热效应、场致发光效应、电化学效应和光电效应等。

③ 磁能与其他形式能量的转换。如光磁效应、热磁效应、磁热冻效应和磁性转变等。

④ 机械与其他形式能量的转换。如压电效应、形状记忆效应、热弹性效应、机械化学效应、电致伸缩、光压效应、声光效应、光弹性效应和磁致伸缩等。

1.2 功能材料与器件的发展

在 20 世纪初，人们开始发现某些材料具有特殊的物理、化学性质，这些性质使它们可以用于特定的功能应用。最早的功能材料主要用于电子器件和通信技术中，以满足电导、光学、磁性等方面的需求。随着科学技术的进步，人们开始探索更多类型的功能材料。例如，半导体材料的研究和发展，引发了电子计算机和信息技术的革命。半导体材料的特殊性质，如能带结构和载流子行为，使得它们成为现代集成电路的基础。随着半导体工艺的不断改进，芯片的集成度不断提高，计算机的速度和处理能力也得到了大幅提升。

功能材料在器件应用的发展也经历了长足的进步。从最早的电子管到晶体管，再到如今的集成电路和微电子器件，人们不断改进和创新电子器件的设计和制造技术。这些进步使得电子设备更小、更快、更强大，并且能耗更低。例如，摩尔定律的提出和集成电路工艺的不断改进，集成电路上可容纳的晶体管数量每隔 18~24 个月会翻倍，从而导致计算机性能呈指数级增长。光电子器件、量子器件、柔性电子器件等新型器件的出现，进一步扩展了功能材料和技术的应用范围。光电子器件利用光与电子的相互作用，实现信息的传输和处理，具有高速和大带宽的特点，被广泛应用于通信、显示和传感等领域。量子器件利用量子力学的原理设计和制造，具有超越经典物理的特性，被用于量子计算、量子通信等尖端技术领域。柔性电子技术将电路、传感器、电源等元器件附着于柔性基底上，具有可弯曲、可延展、可折叠等特点，在可穿戴设备、电子皮肤等领域有广阔的应用前景。

世界各国功能材料的研究极为活跃，充满了机遇和挑战。我国非常重视功能材料的发展，在国家攻关、"863""973"、国家自然科学基金等计划中，功能材料都占有很大比例。这些科技行动的实施，使我国在功能材料领域取得了丰硕的成果，开辟了超导材料、平板显示材料、稀土功能材料、生物医用材料、储氢等新能源材料、高性能固体推进剂、材料设计与性能预测等功能材料新领域，取得了一批接近或达到国际先进水平的研究成果，在国际上占有了一席之地。镍氢电池、锂离子电池的主要性能指标和生产工艺技术，均达到了国外的先进水平，推动了新能源汽车产业的大力发展；功能陶瓷材料的研究开发取得了显著进展，以片式电子组件为目标，我国在高性能瓷料的研究上取得了突破，并在低烧瓷料和贱金属电

4

极上形成了自己的特色并实现了产业化，使片式电容材料及其组件进入了世界先进行列；高档钕铁硼产品的研究开发和产业化取得显著进展，在一些成分配方和相关技术上取得了自主知识产权；功能材料还在"两弹一星""北斗""嫦娥工程"等国家重器中发挥了举足轻重的作用。功能材料不仅是发展我国信息技术、生物技术、能源技术等高技术领域和国防建设的重要基础材料，而且是改造与提升我国基础工业和传统产业的基础，直接关系到我国资源、环境及社会的可持续发展。

功能材料和器件的发展历程是一个与科技进步紧密相连的过程。通过对材料特性和器件设计的不断研究，人们能够开发出更先进、更高效的技术产品，推动人类社会的发展和进步。然而，功能材料和器件的研究仍然面临着许多挑战，需要以跨学科的合作和创新思维来解决。相信在未来的发展中，功能材料和器件将继续发挥重要作用，推动科技的不断进步。

"十四五"乃至更长一段时期内，我国进入新发展阶段，发展条件深刻变化，功能材料产业对于构建现代化经济体系、促进经济高质量发展的动力引擎作用将更为突出，有必要全面分析未来将面临的诸多机遇和挑战，提前研究制定应对措施，夯实功能材料产业高质量发展基础。功能材料与器件的研究一直处于不断发展和演进之中，未来会更加注重多功能性、可持续、智能化发展，并开拓更加广阔的新兴领域。

1.3 本书的内容与特色

新质生产力是以创新为主导的，摆脱传统经济增长方式和生产力发展路径的高科技、高效能、高质量特征的生产力。数字经济时代，大数据、人工智能、云计算等改变了生产要素的构成，拓展了国民经济的业态结构，重塑了生产的动力结构，催生出新质生产力。但与以往的科技创新不同，数字时代的科技创新不仅仅是一个推动经济发展且保持高度稳定的外生因素，它的活跃程度既来自科技资源积聚时的升级迭代和颠覆创新，更来自新技术与各种场景结合后的自我学习与适应的应用拓展。发展新质生产力离不开科技创新，以新的科技成果重新塑造新的生产力体系，形成高素质的劳动者队伍、高科技含量的生产技术和装备、高性能的原材料和元器件。发挥科技创新对新一代信息技术、人工智能、生物技术、新能源、新材料、高端装备、绿色环保等战略性新兴产业发展的引领带动作用，特别是以颠覆性技术和前沿技术催生新产业、新模式、新动能。依托新质生产力，推进产业智能化、绿色化、融合化，建设具有完整性、先进性、安全性的现代化产业体系，为高质量发展提供持久动能。

新材料是国家大力发展的战略性新兴产业之一，也是加快发展新质生产力、扎实推进高质量发展的重要产业方向。面向建设科技强国和制造强国的战略蓝图，立足国民经济和国防安全重大需求，以提高新材料自主创新能力为核心，以先进基础材料、关键战略材料、前沿新材料为发展重点，坚持供给侧结构性改革，坚持可持续发展，大力发展新技术、新模式、新业态，实现新材料产业转型升级和结构调整，以创新驱动发展，建立"产学研用"深度融合的新材料自主创新体系，全面提升我国新材料自主保障能力和市场竞争力，把我国建设成为新材料强国。

本书基于光电信息、半导体、新能源产业介绍功能材料与器件，涵盖了功能材料的主要类型与关键器件，形成了完整的知识体系，反映了当前和未来发展的新材料、新器件的新理论新技术等内容。本书在处理材料与器件关系时，系统和深入介绍各类功能器件应用背景、工作原理、结构组成、核心材料选用、制备工艺等，使材料—器件—应用紧密结合在一起。本书在内容的选取上既注重理论基础的阐述，又强调实际应用的剖析，通过大量实例帮助读者理解和掌握功能材料器件的设计思路与应用技巧。同时书中融入了功能材料领域最新研究成果与发展趋势，使读者能够紧跟科技前沿，培养创新思维。

思　考　题

1. 功能材料器件的未来发展方向是什么？选取一种功能材料器件举例说明。
2. 谈谈对功能材料与器件的关系的认识。

第 2 章
功率半导体分立器件

半导体器件，又称电力电子器件，主要用于电力设备中电能变换和电路控制方面的大功率电子器件，是电子产业链中最核心的器件之一。半导体器件在电路中主要起着功率转换、功率放大、功率开关、线路保护、逆变（直流转交流）和整流（交流转直流）等作用。

按功能划分，半导体器件分为分立器件（Discrete Device）、集成电路（Integrated Circuit，IC）、光电器件和传感器四大类（图 2-1）。

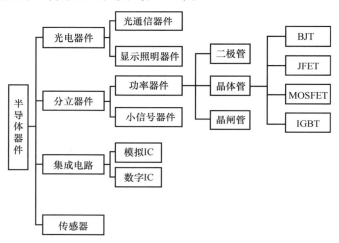

图 2-1　半导体器件的分类

分立器件只在晶片上形成一个或少量的 PN 结，通常指的是单一功能的半导体器件（图 2-2），如二极管、晶体管、场效应晶体管等。它们只具有一个或者极少数的几个主要功能，比如开关、放大、整流等。而集成电路则是将大量电子元件包括分立器件集成在一块晶片上，实现更复杂的功能。集成电路可以包括数十到数十亿个 PN 结，因而其功能可以丰富多样，比如数据处理、信号调制解调、图像处理等。

功率器件（或称功率半导体、高功率分立器件）通常是指那些工作在高电压、高电流或者高功率条件下的分立器件。这些器件通常需要具有特别的设计，以承受高电压或者高电流的冲击，防止器件损坏。与集成电路相比，功率器件通常具有更大的尺寸、更高的耐压能力和更强的散热性能。它们通常被用于电力电子系统中的开关和调制部分，或者是用于驱动电机、电动汽车等设备。

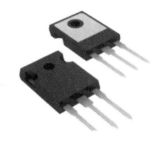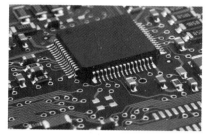

a) 分立器件   b) 集成电路

图 2-2   分立器件与集成电路实物

按照器件结构，现有的功率器件可分二极管、晶体管、晶闸管等，其中晶体管分为双极性结型晶体管（BJT）、结型场效应晶体管（JFET）、金属-氧化物-半导体场效应晶体管（MOSFET）和绝缘栅双极晶体管（IGBT）等。各类型功率器件各项参数、特点及其应用领域见表 2-1。

表 2-1   各类型功率器件各项参数、特点及其应用领域

类型	可控性	驱动形式	导通方式	电压	特点	应用领域
二极管	不可控	电流驱动	单向	低于 1V	电压、电流小，只能单向导电	电子设备
晶闸管	半控型	电压驱动	单向	几千伏	体积小、耐压高	UPS（不间断电源）、电焊机、变频器
MOSFET	全控型	电压驱动	双向	十几伏到 1kV	能承受高电压，不能放大电压	电机、逆变器、高铁、汽车
IGBT	全控型	电压驱动	双向	600V 以上	开关频率高，不耐超高压，可改变电压	高速开关电源

根据功率器件开关功率、工作频率的不同，其具体的应用领域也有较大的差别，具体如图 2-3 所示。

行业的发展主要由需求驱动，同时技术的发展在很大程度上促进了产品应用领域的扩张。功率器件已从传统的工业控制和 4C（通信、计算机、消费电子、汽车）领域迈向新能源、轨道交通、智能电网、变频家电等诸多产业。功率半导体的发展使得变频设备广泛地应用于日常的消费，促进了清洁能源、电力终端消费以及终端消费电子的产品发展。

在设计一个功率器件时，为了达到设计目标，需要考虑许多的细节。典型的设计规范是低价格、高效率或高功率密度（低重量、小尺寸）。同时，器件损耗、冷却和最高工作温度等热学方面的考虑也决定了功率器件设计的物理极限。当器件工作在它们的电学安全工作区（SOA）时，导通损耗和开关损耗主导了器件的损耗。然而应该注意到，通过合理的设计方案，功率器件设计者能够在很大程度上做到使这些损耗最小化。通常，设计的结果很大程度上取决于下列选择：①器件类型（单极型、双极型晶体管，晶闸管）和额定值（电压和电流的容限、频率范围）；②开关频率；③变流器的设计（最小的寄生漏电感、电容和趋肤效应）；④拓扑（两电平、多电平、硬开关或软开关）；⑤控制极（门极、基极、栅极）控制（开关换向速率）；⑥控制（开关功能、最小的滤波器、电磁干扰）。

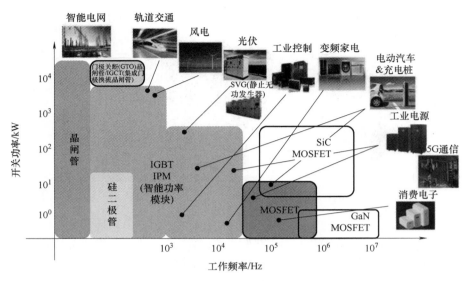

图 2-3 功率器件的主要应用领域

功率器件开关功率（最高阻断电压和重复关断电流的乘积）和它的最高开关频率在许多应用领域中是首选功率半导体时的重要判据。其次是理论应用极限，硅器件的实际应用范围也受制于冷却限制和经济因素。如今已经开发了许多器件结构，每一种都有其独特的优点。图 2-4 给出了常用的功率半导体器件的基本结构，本章将对这些功率器件进行介绍。

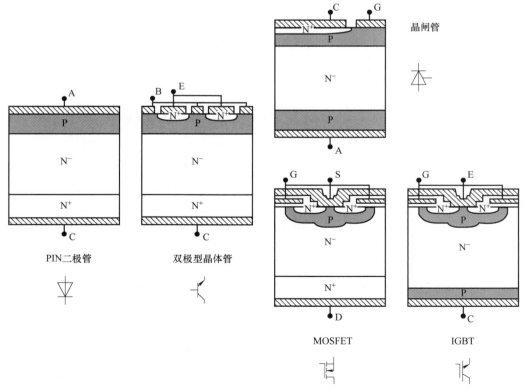

图 2-4 常用功率半导体器件的基本结构

2.1　PN 结

PN 结

PN 结是几乎所有功率器件的基本组成部分。它们是在同一晶体中当部分区域电导率类型从 P 型变成 N 型时形成的。PN 结具有整流特性，它们传输电流只是在所加电压被称为正向的一个方向，而在相反的方向即阻断方向，电流是非常小的。

整流效应可以简单定性地理解：如果一个正电压相对于 N 区加在 P 区上，然后，在 P 区的自由空穴和在 N 区的自由电子向 PN 结迅速运动，而且部分注入对方的区域作为额外的少数载流子。因为对于电流而言，存在丰富的载流子，在这种偏置条件下的 PN 结是导电的。如果在 P 区的电压相对于 N 区是负的，两种类型的多数载流子从 PN 结处被抽出，不能从相反电导率的邻近区域提供载流子，这里只有少量平衡少数载流子。所以只有很小的电流流动，PN 结被偏置在反向或者阻断方向，如图 2-5 所示。

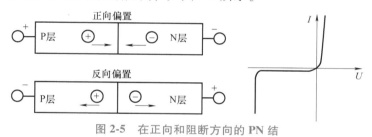

图 2-5　在正向和阻断方向的 PN 结

2.1.1　PN 结的基本结构与制备方法

在一块单晶半导体中，一部分掺有受主杂质是 P 型半导体，另一部分掺有施主杂质是 N 型半导体时，P 型半导体和 N 型半导体的交界面附近的过渡区称为 PN 结。图 2-6 为 PN 结的基本结构示意图。制备 PN 结最典型的工艺方法有合金法、扩散法、离子注入法和外延生长法。下面简单介绍这几种常用工艺方法及制得的 PN 结中杂质的分布情况。

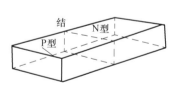

图 2-6　PN 结基本结构示意图

1. 合金法

合金法制备 PN 结的基本过程如图 2-7a 所示。首先在 N 型锗（Ge）单晶片上放置一粒铟（In）球，升温逐渐加热到 $500 \sim 600$℃形成铟锗共熔体。然后再逐渐降温，在降温过程中，锗便从共熔体中析出，沿着锗片的晶向再结晶，在再结晶的锗区域中，将含有大量的 P 型杂质铟，使该区域变成了 P 型锗，从而形成了 PN 结。由于这种 PN 结是用合金法制备的，所以也称为合金结。

合金结的杂质分布如图 2-7b 所示，其特点是，N 型区中施主杂质浓度为 N_D，而且均匀分布；P 型区中受主杂质浓度为 N_A，也是均匀分布。在交界面处，杂质浓度由 N_A（P 型）突变为 N_D（N 型），具有这种杂质分布的 PN 结称为突变结。设 PN 结的位置在 $x = x_j$，则突变结的杂质分布可以表示为

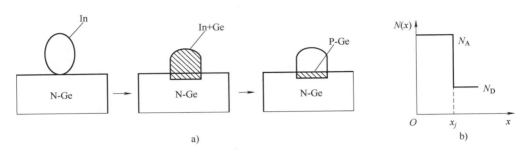

图 2-7　合金法制备 PN 结过程以及合金结的杂质分布

$$x<x_j, N(x)=N_A; x>x_j, N(x)=N_D \tag{2-1}$$

实际的突变结两边的杂质浓度相差很多，例如 N 区的施主杂质浓度 N_D 为 $10^{13}\sim$ $10^{15}\,\mathrm{cm}^{-3}$，而 P 区的受主杂质浓度 N_A 为 $10^{17}\sim10^{19}\,\mathrm{cm}^{-3}$，通常称这种一边杂质浓度远高于另一边杂质浓度的 PN 结为单边突变结。若 $N_A\gg N_D$，记为 P^+N 结；若 $N_A\ll N_D$，记为 PN^+ 结。

2. 扩散法

杂质扩散是形成 PN 结最常用的方法。图 2-8 展示了以硅平面工艺制备 PN 结的主要工艺过程。它是在 N 型单晶硅片上，通过氧化、光刻、扩散等工艺制得的 PN 结。其杂质分布由扩散过程及杂质补偿决定。

在这种结中，杂质浓度从 P 区到 N 区是逐渐变化的，通常称为扩散结，如图 2-9a 所示。设 PN 结位置在 $x=x_j$，则结中的杂质分布可表示为

$$x<x_j, N_A>N_D; x>x_j, N_D>N_A \tag{2-2}$$

在扩散结中，若杂质分布可用 $x=x_j$ 处的切线近似表示，则称为线性缓变结，如图 2-9b 所示。因此线性缓变结的杂质分布可表示为

$$N_D-N_A=\alpha_j(x-x_j) \tag{2-3}$$

式中，α_j 是 $x=x_j$ 处切线的斜率，称为杂质浓度梯度，它取决于扩散杂质的实际分布，可以用实验方法测定。但是对于高表面浓度的浅扩散结，x_j 处的斜率 α_j 很大，这时扩散结用突变结来近似，如图 2-9c 所示。

3. 离子注入法

离子注入法是将杂质元素如硼、磷、砷的原子，经过离子化变成带电的杂质离子，然后用强电场加速，获得高能量（几万到几十万 eV）的离子直接射入半导体基片内，再经过退火激活，在体内形成一定杂质浓度分布，同时形成 PN 结。

离子注入结的杂质分布，在掩蔽膜窗口附近的横向分布为余误差分布；纵向是以平均投影射程 R_P 为中心的近似高斯分布，如图 2-10 所示。

4. 外延生长法

在一定条件下，原子（如硅原子）有规则地排列在单晶衬底片上，形成一层具有一定导电类型、电阻率、厚度及完整晶格结构的单晶层，由于这个新的单晶层是由原来衬底晶面向外延伸的结果，所以称为外延生长法，这个新长出的单晶层叫作外延层。由于外延的种类不同、外延生长的方法不同，其杂质浓度分布也不同。

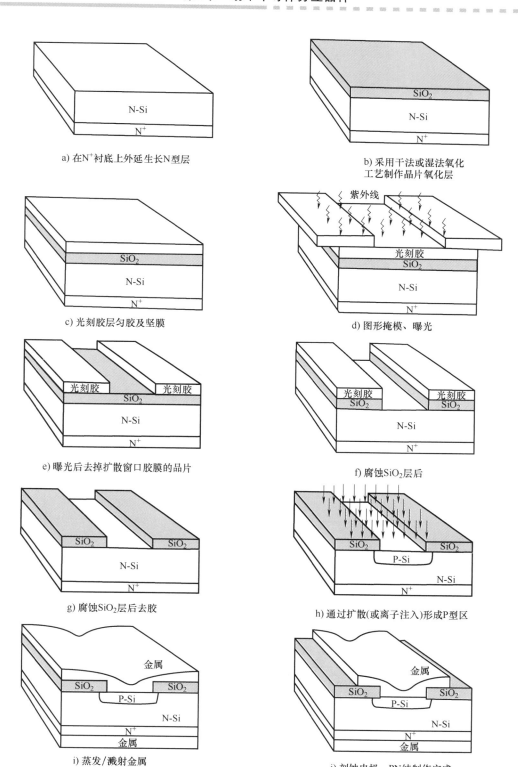

a) 在N⁺衬底上外延生长N型层

b) 采用干法或湿法氧化
工艺制作晶片氧化层

c) 光刻胶层匀胶及坚膜

d) 图形掩模、曝光

e) 曝光后去掉扩散窗口胶膜的晶片

f) 腐蚀SiO₂层后

g) 腐蚀SiO₂层后去胶

h) 通过扩散(或离子注入)形成P型区

i) 蒸发/溅射金属

j) 刻蚀电极，PN结制作完成

图 2-8　硅平面工艺制备 PN 结的主要工艺过程

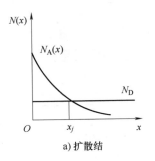

a) 扩散结

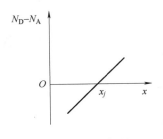

b) 线性缓变结近似

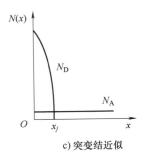

c) 突变结近似

图 2-9　扩散结的杂质分布

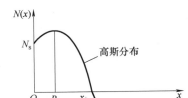

图 2-10　离子注入 PN 结的杂质分布

综上所述，PN 结的杂质分布一般可以归纳为两种情况，即突变结和线性缓变结。合金结和高表面浓度的浅扩散结（P^+N 结或 N^+P 结）一般可认为是突变结，而低表面浓度的深扩散结，一般可以认为是线性缓变结。

2.1.2　热平衡 PN 结

1. 空间电荷区

当 P 型和 N 型半导体相互接触时，交界面处由于存在很大的电子和空穴的浓度差而发生相互扩散，最终在交界面的两侧形成带正、负电荷的区域，称为空间电荷区，如图 2-11 所示。空间电荷区内的正负电荷形成一个电场，电场的方向由带正电的 N 区指向带负电的 P 区，这个电场称自建电场，简称自建场。

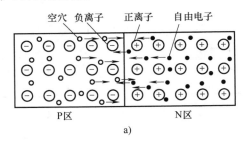

a)

图 2-11　P 区与 N 区载流子扩散及 PN 结空间电荷区

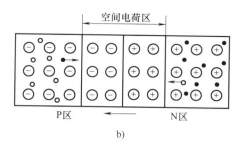

b)

图 2-11　P 区与 N 区载流子扩散及 PN 结空间电荷区（续）

2. 能带图

在 N 型材料中费米能级（E_F）靠近导带底（E_c），在 P 型材料中费米能级靠近价带顶（E_v），如图 2-12a 所示。当 P 型与 N 型半导体接触形成 PN 结时，若无外加电压，原 E_{FN} 和 E_{FP} 相等（拉平），成为一条直线，变成平衡 PN 结统一的费米能级，如图 2-12b 所示，这是平衡 PN 结能带图的突出特征之一。

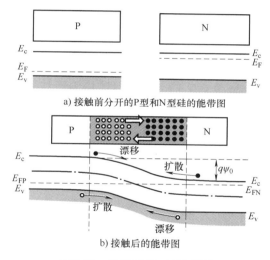

a) 接触前分开的P型和N型硅的能带图

b) 接触后的能带图

图 2-12　热平衡 PN 结能带图

2.1.3　非平衡状态下的 PN 结

图 2-13a 是热平衡时 PN 结的能带图，当在 PN 结两端外接电源以后，热平衡则被破坏，此时就有电流在半导体内部通过。一般情况下，空间电荷区的电阻远远高于电中性区，使得后一区域内的电压降与前者相比可以忽略不计，即空间电荷区以外的中性区不产生电压降。因此，可以认为外加电压直接加于空间电荷区的两端。

通过 PN 结的传导电流的大小与外加电压的极性有着密切的关系。若在 P 侧加上相对 N 侧为正的电压 U，如图 2-13b 所示，PN 结的势垒高度下降至 $q(\varphi_0 - U)$。势垒高度的减小有助于载流子扩散通过 PN 结，形成大的电流，这种电压极性是正向的偏压。正偏压降低了 PN 结的电阻，造成低阻电流通路。

如果在 P 侧加上相对 N 侧为负的电压 U_R，如图 2-13c 所示，势垒高度增加至 $q(\varphi_0+U_R)$。这会阻挡载流子通过 PN 结扩散。因此，通过 PN 结的电流非常小，结的阻抗很高，称为反偏压连接。综上可知，PN 结具有单向导电性，具有整流特性。

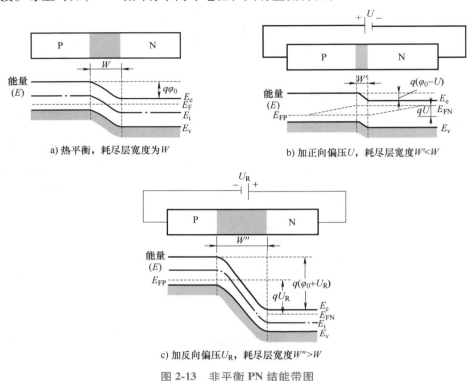

a) 热平衡，耗尽层宽度为 W

b) 加正向偏压 U，耗尽层宽度 $W'<W$

c) 加反向偏压 U_R，耗尽层宽度 $W''>W$

图 2-13　非平衡 PN 结能带图

2.1.4　PN 结击穿

当对 PN 结施加的反向偏压增大到某一数值 U_{BR} 时，反向电流密度突然开始迅速增大的现象称为 PN 结击穿。发生击穿时的反向偏压被称为击穿电压。然而击穿现象中电流增大的基本原因并不是迁移率的增大，而是载流子数目的增加。击穿过程并非都具有破坏性，只要最大电流受到限制，它可以长期地重复。目前 PN 结击穿的机制共有三种：隧道击穿、雪崩击穿和热电击穿，本节主要对其作用机理进行简单介绍。

1. 隧道击穿

在早期的研究中，PN 结击穿是在齐纳（Zener）的场发射理论基础上做出解释的。齐纳提出，在高电场下耗尽区的共价键断裂产生电子和空穴，即有些价电子通过量子力学的隧道效应从价带转移到导带，从而形成反向隧道电流，这种机制称为齐纳击穿。

当 PN 结加反向偏压时，空间电荷区能带发生倾斜；反向偏压越大，势垒越高，空间电荷区的内建电场也越强，空间电荷区能带也越加倾斜，甚至可以使 N 区的导带底比 P 区的价带顶还低，如图 2-14 所示。内建电场使 P 区的价带电子得到附加势能 qEx；当内建电场大到某值以后，价带中的部分电子所得到的附加势能 qEx 可以大于禁带宽度 E_g，如果图中 P

区价带中的 A 点和 N 区导带的 B 点有相同的能量，则在 A 点的电子可以过渡到 B 点。实际上，这只是说明在由 A 点到 B 点的一段距离中，电场给予电子的能量 $q\Delta x$ 等于禁带宽度 E_g。因为 A 和 B 之间隔着水平距离为 Δx 的禁带，所以电子从 A 到 B 的过渡一般不会发生。随着反向偏压的增大，势垒区内的电场增强，能带更加倾斜，Δx 将变得更短。当反向偏压达到一定数值，Δx 短到一定程度时，量子力学证明，P 区价带中的电子将通过隧道效应穿过禁带而到达 N 区导带中。

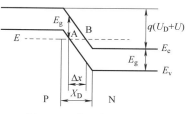

图 2-14　大反偏电压下的
PN 结能带图

后来发现，齐纳模型只能描述具有低击穿电压的结。对于在高电压下击穿的结（如在硅中击穿电压大于 6V），雪崩（Avalanche）机制是产生击穿的原因。由于大多数结是通过雪崩过程达到击穿的，接下来分析一下雪崩击穿。

2. 雪崩击穿

材料掺杂浓度较低的 PN 结中，当 PN 结反向电压增加时，空间电荷区中的电场随着增强。这样通过空间电荷区的电子，就会在电场作用下，使获得的能量增大。在晶体中运行的电子将不断与晶体原子发生碰撞，通过这样的碰撞可使束缚在共价键中的价电子碰撞出来，产生自由电子和空穴。新产生的自由电子在电场作用下撞出其他价电子，又产生新的自由电子和空穴。如此连锁反应，使得阻挡层中的载流子的数量雪崩式地增加，流过 PN 结的电流就急剧增大击穿 PN 结，这就是雪崩击穿的机理。

雪崩击穿除了与空间电荷区中电场强度有关外，还与空间电荷区的宽度有关，因为载流子动能的增加，需要有一个加速过程，如果空间电荷区很薄，即便电场很强，载流子在空间电荷区中的加速度也达不到引起雪崩倍增效应所必需的动能，也就不能产生雪崩击穿。

3. 热电击穿

当 PN 结上施加反向电压时，流过 PN 结的反向电流要引起热损耗。反向电压逐渐增大时，对应于一定的反向电流所损耗的功率也增大，这将产生大量热能。如果没有良好的散热条件使这些热能及时传递出去，则将引起结温上升。

由于反向饱和电流密度随温度按指数规律上升，其上升速度很快，因此，随着结温的上升，反向饱和电流密度也迅速上升，产生的焦耳热能也迅速增大，进而又导致结温上升，反向饱和电流密度继续增大。如此反复循环下去，最后使反向饱和电流无限增大而发生击穿。这种由于热不稳定性引起的击穿，则被称为热电击穿。对于禁带宽度比较小的半导体如锗PN 结，由于反向饱和电流密度较大，在室温下这种击穿很重要。

2.2　PIN 二极管

大多数功率二极管是 PIN 结二极管，也就是说，在 P 和 N 半导体材料之间加入一薄层低掺杂的本征（Intrinsic）半导体层，组成 P-I-N 结构。与单极器件相比，PIN 二极管的优点是，在基区大注入时，通态电阻大为降低，被称为电导调制。因此，PIN 二极管可以用到很高的阻断电压。其基区不是如其名所提的本征。本征情况（掺杂在 $<10^{10}\,cm^{-3}$ 的范围）不仅工艺上实现困难，而且极低的掺杂对关断特性和其他特性将产生实质性损害。功率二极管一般有 $P^+N^-N^+$ 结构，所以，所谓的 I 层实际上就是 N^- 层。因为它比外面层的掺杂低几个数

量级，PIN 二极管其名就成了几乎所有情况下惯用的名称。

从应用的角度，功率二极管可以分成两种主要类型：

1）整流二极管，用于 50Hz 或 60Hz 的电网频率：开关损耗起次要作用，在中间层有高的载流子寿命。

2）快恢复二极管（快速二极管），用作开关器件的续流二极管，或者是在高频变压器后用作输出整流器。通常，它们必须能够有高达 20kHz 的开关频率，并且能在 50～100kHz 或更高的开关型电源中工作。在用硅制造的快速二极管中，在中间低掺杂层中的载流子寿命必须减小到规定的低值。

2.2.1 PIN 二极管的结构

根据结构和工艺，PIN 二极管可以分成两种类型。对于用外延工艺制造的 PIN 二极管（外延二极管，图 2-15a），首先，N^- 层是用外延工艺沉积在高掺杂的 N^+ 衬底上。然后用扩散工艺形成 P 层。用这种工艺制成的基区宽度 W_B 很小，只有几微米，因此，靠着足够厚的衬底晶片，使生产的晶片破损少，产量高。通过提供复合中心（在大多数情况下是用扩金）可以得到开关很快的二极管。因为 W_B 保持很小，横过中间层的电压降是低的。外延（EPI）二极管主要用于阻断电压在 100～600V 之间的场合，但是某些制造商也生产 1200V 的外延二极管。

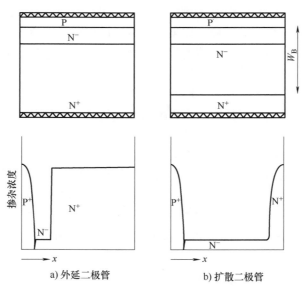

a) 外延二极管　　　　　b) 扩散二极管

图 2-15　PIN 功率二极管的结构

因为外延工艺的成本是值得注意的，对于更高阻断电压的二极管（一般 1200V 及以上）是用扩散工艺制造的。对于扩散的 PIN 二极管（图 2-15b），开始是用低掺杂的晶片，用扩散法制成 P^+ 层和 N^+ 层。此时晶片的厚度是由中间 N^- 层的厚度和扩散分布的深度来决定的。对于较低的电压，所需的 W_B 小。用深的 N^+ 和 P^+ 层，晶片厚度可以再次增加，但是，深 P 层对反向恢复特性不利。如此薄的晶片的工艺加工是面临挑战的。Infineon（英飞凌）已经采用了加工很薄晶片的工艺，生产工艺中用的晶片厚度薄到 80μm。用这种工艺技术，也可生产有浅的 P 和 N⁺边界层的 600V 扩散续流二极管。

2.2.2 PIN 二极管的 *I-U* 特性

图 2-16 表示在 25℃下测得的快速 300V PIN 二极管的 *I-U* 特性以及 *I-U* 特性参数的某些定义。图上正向和反向用了不同的坐标。在正向偏置下，特性曲线把定义为 I_F 的电流与电压降 U_F 联系起来。这必须与制造商数据表上规定的最大允许电压降 $U_{F\,Max}$ 区别开来。$U_{F\,Max}$ 是在规定条件下，在这种型号二极管中所产生的最大的正向电压降。在大多数情况下，该值明显大于各个样品的测量值，这是由在生产过程中参数的偏差引起的，例如，基区宽度 W_B。在快速二极管中，载流子寿命强烈影响 U_F。对于老一代的扩金或扩铂的快速二极管，由于控制这些工艺的困难，载流子寿命偏差相对较高。

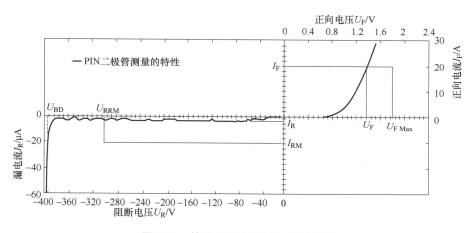

图 2-16 快速 PIN 二极管的 *I-U* 特性

二极管的 *I-U* 特性是与温度密切相关的；随着温度的增加：①漏电流 I_R 增加，在常用的最大允许工作温度 150℃下，I_R 可以高于室温下的反向漏电流几个数量级，漏电流的扩散分量和产生分量也都增加；②阻断电压 U_{BD} 随着雪崩击穿的击穿电压的增加而略有增加；③自建电势 V_{bi} 降低，与温度有关的决定性的参数是与温度关系密切的 n_i^2（n_i 为本征载流子浓度），同时它也是门槛电压推导的决定因素，相应地降低了门槛电压 U_S。

2.2.3 PIN 二极管的设计

对于二极管的所有特性起主导作用的参数是低掺杂基区的宽度 W_B。首先，基区宽度和基区掺杂浓度决定了阻断电压。如图 2-17 所示，可以区分电场形状的不同情况。

如果选择 W_B 使空间电荷不能到达 N⁺层（三角形电场形状），它被称为非穿通（NPT）尺度法。如果选择 W_B 使空间电荷透入 N⁺层，那么电场形状是梯形，而二极管表示为穿通（PT）二极管。术语"穿通"用在这里，含义不同于晶闸管。在晶闸管中，它是指空间电荷区到达相反的掺杂层，在具有 PT 设计的二极管中，空间电荷层被同型电导率的高掺杂区所阻挡。用 NPT 和 PT 表示的二极管设计已被广泛应用。

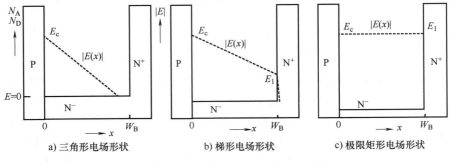

a) 三角形电场形状   b) 梯形电场形状   c) 极限矩形电场形状

图 2-17　在不同设计的 PIN 二极管中，击穿时的电场分布

2.2.4　PIN 二极管的载流子分布及结电压

在正向偏置时，PIN 二极管的低掺杂基区被从高掺杂的外部区域注入的载流子充满。其自由载流子的浓度增加到高于本底掺杂几个数量级，即低掺杂区的电导率急剧增加或"被调制"。因为在电中性条件 $N=P+N_D^+$ 下，掺杂浓度 N_D^+ 可以忽略，则基区中的空穴和电子的浓度近似相等：$N(x) \approx P(x)$。

图 2-18 表示 1200V 的二极管在电流密度 $160A/cm^2$ 下计算出来的中间区域的载流子分布 $N=P$。其中，高掺杂区的注入比已被假设等于 1。N 和 P 超过本底掺杂达两个数量级以上。如果电子迁移率（μ_N）和空穴迁移率（μ_P）相等，那么得到的是虚线。因为硅中电子比空穴移动快得多，空穴在 PN 结上增多，产生了非对称分布。

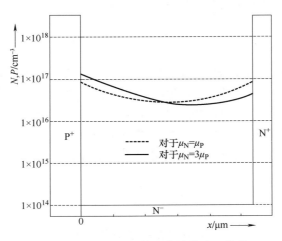

图 2-18　正向导通时基区中的载流子分布

在 P^+NN^+ 结构中，有一个空间电荷区在 P^+N 结，而另一个在 NN^+ 掺杂突变部分，因此，两者分别与自建电势 $V_{bi}(P^+N)$ 和 $V_{bi}(NN^+)$ 有关。如果加上正向电压 U_F，它的一部分用在结上降低该处的电位突变，并类似于单个 PN 结增加基区中的注入载流子浓度。另外，正向

电压在弱掺杂基区上提供了一个为电流输运所需的欧姆电压降 U_{drift}。因此，如果结的部分电压被称为 $U_j(P^+N)$、$U_j(NN^+)$，则得到：

$$U_F = U_j(P^+N) + U_{drift} + U_j(NN^+) \tag{2-4}$$

在结上内部电压的突变：

$$\Delta U(P^+N) = V_{bi}(P^+N) - U_j(P^+N) \tag{2-5}$$

$$\Delta U(NN^+) = V_{bi}(NN^+) - U_j(NN^+) \tag{2-6}$$

$U_j(P^+N)$ 和 $U_j(NN^+)$ 在与基区的掺杂浓度的关系上相互之间有很大的差别。通过自建电势巨大差别的消失，使得内部电压突变 $\Delta U(P^+N)$ 和 $\Delta U(NN^+)$ 变得非常相似。两者之和，即总的外加结电压 U_j 与 N_D 无关：

$$U_j \equiv U_j(P^+N) + U_j(NN^+) = \frac{kT}{q}\ln\frac{P_L \cdot N_R}{n_i^2} \tag{2-7}$$

式中，$\dfrac{kT}{q}$ 为热电压，即温度电压当量，其中 k 为波尔兹曼常数，T 为热力学温度，q 为电子的电荷量；P_L 为基区左边接近 P^+N 结的空穴浓度；N_R 为基区 N^+ 边上的电子浓度。

这些公式始终与注入水平无关，但是它们将被用于大注入条件之下，即 $P_L = N_L$ 和 $N_R = P_R$。式中，N_L 为基区左边接近 P^+N 结的电子浓度，P_R 为基区 N^+ 边上的空穴浓度。

2.2.5 功率二极管的开通特性

在功率二极管转换到导通状态时，在电压下降到正向电压以前，先上升到开通电压的峰值 U_{FRM}（正向恢复最大值）。图 2-19 表示了 U_{FRM} 和开通时间 t_{fr} 的定义，其中 t_{fr} 被定义为在 10% 的正向电压瞬间与电压再次下降到稳态正向电压的 1.1 倍瞬间的时间间隔。

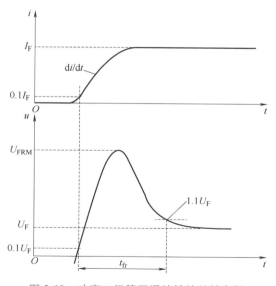

图 2-19 功率二极管开通特性的特性参数

这个老的定义产生在晶闸管作为电力电子学中起主导作用的器件的那个年代，那时，电流变化率一般不高，U_{FRM}只有几伏。这个定义不适合于用 IGBT 作为开关元件的线路中的续流二极管（FWD）和吸收二极管，因为用这些器件所产生的电流变化率 di/dt 很高，以至 U_{FRM} 可能达到 200~300V，大于 U_F 值 100 多倍。

在吸收回路和钳位电路中，低 U_{FRM} 是对二极管最重要的要求之一，因为这些电路刚好工作在二极管开通之后。

正向恢复电压峰值对于设计成阻断电压为 1200V 及以上的续流二极管同样是重要的性能。在 IGBT 关断时，续流二极管开通；IGBT 关断时的 di/dt 在寄生电感上产生一个电压峰值，U_{FRM} 被叠加到此峰值上。两者之和能够产生一个临界电压峰值。

这种特性的测量不是无关紧要的，因为在实用型斩波器电路中感性分量与 U_{FRM} 是区分不开的。测量只能在开路设定下直接在二极管的连接线上进行。测量结果如图 2-20 所示，这里显示了两个二极管的开通情况，其中之一（标准二极管）为了在关断时得到软恢复特性，设计成很宽的 W_B。作为比较的 CAL（轴向寿命控制）二极管，W_B 保持尽可能的小。在同样的测试条件下，即用相同的参数来控制 IGBT 的关断，结果是 CAL 二极管和标准二极管的 U_{FRM} 分别是 84V 和 224V。分析最坏的情况是可能的。在阶跃函数形态的电流下（di/d$t = \infty$），产生的最大电压相当于没有载流子注入的基区电阻，乘以电流密度 j（μ_N 为电子迁移率）：

$$U_{FRM} = \frac{W_B j}{q \mu_N N_D} \tag{2-8}$$

只要 $j < q N_D v_{sat}$（v_{sat} 为饱和漂移速度），此公式就可以用。比较高的阻断电压的二极管设计需要较低的掺杂浓度 N_D 和较宽的基区宽度 W_B，这就大大提高了产生的电压峰值。

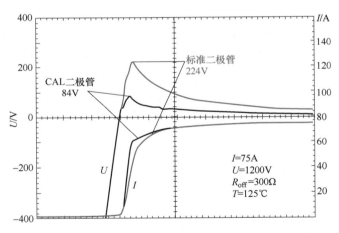

图 2-20　有不同低掺杂层宽度 W_B 的两个二极管的开通情况

关于开关损耗，二极管的开通特性是不重要的。甚至产生高电压峰值，开通过程很快，开通损耗只是二极管关断损耗或者导通损耗的百分之几。在绝大多数情况下，热量计算时开通损耗可以忽略。

2.2.6　功率二极管的反向恢复

随着从导通到阻断状态的转换，储存在二极管中的电荷必须移出。电荷引起二极管的反向电流。反向恢复特性表示与时间有关的电流和相应电压的波形。测量这个效应最简单的电路是按照图 2-21a 给出的电路，S 表示理想的开关，I_F 为理想的电流源，U_{bat} 是理想的电压源，L 是电感，而 VD 是被研究的二极管。在合上开关 S 以后，发生在二极管中的电流和电压变化过程表示在图 2-21b 上。而图 2-21c 所示的是具有快反向恢复特性的二极管的两个电流波形的例子。

首先，用图 2-21a 里的电路和图 2-21b 里的波形来阐明定义。在图 2-21a 的电路里，在合上开关 S 后，下式成立：

$$L \frac{\mathrm{d}i}{\mathrm{d}t} + u(t) = -U_{bat} \tag{2-9}$$

式中，$u(t)$ 是在二极管中与时间有关的电压。首先，在电流下降期间，二极管上的电压在正向电压 U_F 的范围之内，也就 $1 \sim 2 \mathrm{V}$，$u(t)$ 可以忽略。换向时的电流变化率是由电压和电感决定的：

$$-\frac{\mathrm{d}i}{\mathrm{d}t} = \frac{U_{bat}}{L} \tag{2-10}$$

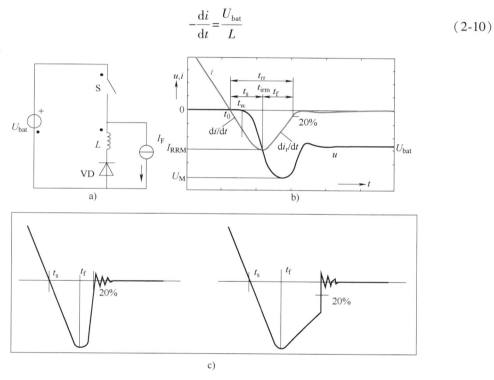

图 2-21　研究反向恢复特性的电路及软恢复二极管的电流和电压波形

电流的过零点发生在 t_0。在 t_w 时，二极管开始承受电压；在此瞬间，二极管的 PN 结是没有载流子的。在同一时间点，电流偏离线性斜率。在 t_{irm} 时，反向电流达到它的最大值 I_{RRM}。在 t_{irm} 处，$\mathrm{d}i/\mathrm{d}t = 0$ 并根据式（2-9），结果 $u(t) = -U_{bat}$。

在 t_{irm} 以后，反向电流下降到静态漏电流的水平。在此时间间隔中的波形完全取决于二极管。如果下降陡，给出的是阶跃（Snappy）反向恢复特性。但是如果下降缓慢，表现出来的是软恢复特性。这个斜率 $\mathrm{d}i_r/\mathrm{d}t$ 经常不是线性的，导致产生一个感应电压 $L \cdot \mathrm{d}i_r/\mathrm{d}t$ 加在电池电压上。

开关时间 t_{rr} 被定义为 t_0 与电流下降至 I_{RRM} 的 20% 时的时间点之间的时间。把 t_{rr} 再细分成 t_f 和 t_s，如图 2-21b 上所表示的，先前沿用的 "软因子" s 被定义为反向恢复特性的定量参数：

$$s = \frac{t_f}{t_s} \tag{2-11}$$

因此，例如 $s>0.8$ 意味着二极管可以被称为 "软"。

但是这个定义是很不充分的。按照这个定义，在图 2-21c 左边的电流形状理应是陡的，而图 2-21c 右边的电流形状应该是平缓的。可是在图 2-21c 有图上给出的 $t_f>t_s$，并按照式（2-11）有 $s>1$，但一个很陡的斜率，反向电流阶跃（Snap-off）发生在反向恢复的波形部分。

软因子的下面定义是比较好的：

$$s = \left| \frac{-\left. \dfrac{\mathrm{d}i}{\mathrm{d}t} \right|_{i=0}}{\left(\dfrac{\mathrm{d}i_r}{\mathrm{d}t} \right)_{max}} \right| \tag{2-12}$$

所用的电流变化率必须在过零点测量，而二极管产生的 $\mathrm{d}i_r/\mathrm{d}t$ 是在它的最大值处测量。对于软恢复，$s>0.8$ 的值还是需要的。用这个定义，像图 2-21c 右边显示的特性是作为阶跃的。此外，这个定义包含了对反向恢复特性特别危险的小电流的观察。

$\mathrm{d}i_r/\mathrm{d}t$ 项决定发生的电压峰值，而在式（2-9）中的 $u(t)$ 在最大斜率处有最大幅值：

$$U_M = -U_{bat} - L \cdot \left(\frac{\mathrm{d}i_r}{\mathrm{d}t} \right)_{max} \tag{2-13}$$

这样，产生在特殊条件下的电压峰值或感应电压 $U_{ind} = U_M - U_{bat}$ 可以用作反向恢复特性的定量定义。作为条件，必须表明 U_{bat} 和所加的 $\mathrm{d}i/\mathrm{d}t$。

但是这个定义也是不充分的，因为更多的参数对反向恢复特性有影响：

1）温度：在大多数情况下，高温对反向恢复特性是很危险的。但是，对于某些快速二极管，室温或是更低的温度是可能发生阶跃恢复特性（Snappy Recovery Behavior）很危险的条件。

2）所加电压 U_{bat}：较高的电压导致更糟的恢复特性。

3）电感 L 的值：按照式（2-13），随着 L 的增加，二极管上的电压也增加，使得二极管的工作条件更为苛刻。

4）换向速率 $\mathrm{d}i/\mathrm{d}t$：提高 $\mathrm{d}i/\mathrm{d}t$ 增大了振荡和电流阶跃的危险性。反向恢复特性增加了向阶跃特性变化的趋势。

所有这些不同的影响是不能用一个简单的定量定义来概括的。按照图 2-21a 的电路以及按式（2-11）和式（2-12）的定义只能用来表示不同设计参数的作用。实际上，反向恢复特性必须用电流和电压的波形来测定，而它们是在与应用相似的条件下测得的。与应用相似的双脉冲测量电路表示在图 2-22a 上。与图 2-21a 上的电路相比，理想的开关被实际开关（如 IGBT）所替代。理想的电流源被用 R 和 L 组成的欧姆-电感负载所取代。换向速率由晶体管给出；IGBT 可用栅极电路中的电阻 R_{on} 来调节。U_{bat} 是借助于电容 C 提供的电源电压。电容、IGBT 之间的连接线和二极管一起形成寄生电感。

在图 2-22b 上显示了双脉冲方式下 IGBT 的驱动信号、IGBT 中的电流以及二极管中的电流。IGBT 关断时，负载电流被转换到续流二极管（FWD）中。在 IGBT 下一次开通时，二极管被换向（在此时间点，发生二极管特有的反向恢复）。另外，在开通时，IGBT 必须传导续流二极管的反向电流。

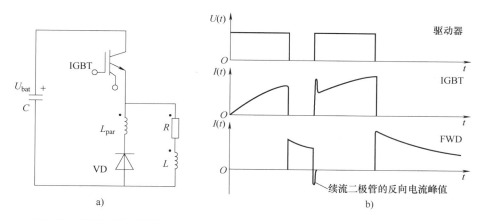

图 2-22　用于测量反向恢复特性的与应用相似的双脉冲电路以及双脉冲测量时的
驱动器信号、IGBT 中的电流和续流二极管中的电流

图 2-23 显示的是以较高时间分辨率表示的软恢复二极管的反向恢复过程。图 2-23a 表示开通时 IGBT 中的电流和电压波形以及它们所产生的功率损耗 $u(t) \cdot i(t)$。

此外，图 2-23b 显示了续流二极管的电流和电压波形以及在二极管中的功率损耗。当 IGBT 必须传导续流二极管中的最大反向恢复电流 I_{RRM} 并加到负载电流上时，IGBT 上的电压仍然在电池电压 U_{bat} 范围内。在这个瞬间 IGBT 产生最大的开通损耗。二极管的反向恢复电流波形可以分成两个阶段。

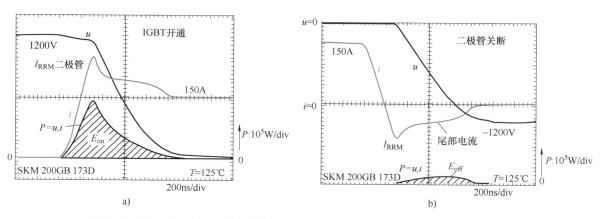

图 2-23　用图 2-22a 的双脉冲电路，在二极管恢复特性的测量过程中形成的波形

1）波形到达 I_{RRM} 后反向电流以 $\mathrm{d}i_r/\mathrm{d}t$ 下降。在软恢复二极管中，$\mathrm{d}i_r/\mathrm{d}t$ 是在 $\mathrm{d}i/\mathrm{d}t$ 范围之内的。反向电流峰值 I_{RRM} 造成开关器件最重的负担。

2）尾部电流阶段，在此期间反向电流缓慢终止。对于这样的波形，前文所用的开关时间 t_{rr} 的定义几乎是不能用的。二极管的主要损耗产生在尾部电流段，因为现在有一个高的电压加在二极管两端。即使是没有尾部电流,以二极管内损耗较小为特点的阶跃二极管(Snappy Diode),由于产生电压峰值和振荡,对应用也是不利的。慢的和软的波形是所希望的。二极管的尾部电流段减轻了 IGBT 的负担,因为在这一段 IGBT 上的电压已经下降到一个低值。

在图 2-23b 上二极管的开关损耗与图 2-23a 上的 IGBT 的开关损耗是用相同的坐标刻度来表示的;在应用中,二极管的损耗比 IGBT 的损耗小。就两个器件在相互作用中的总损耗而言,保持低的反向恢复电流峰值 I_{RRM} 和使二极管储存电荷的主要部分在拖尾阶段抽出是重要的。因为二极管中开关损耗的主要部分是由拖尾电流引起的,这必须加以限制。一般来讲,二极管中的开关损耗是低于晶体管的。如果顾及它在总损耗中的份额,二极管最重要的特性是反向恢复电流峰值 I_{RRM} 必须尽可能低。

接下来简单介绍几类具有最佳反向恢复特性的快速二极管。所有的快速硅 PIN 二极管都用复合中心。以复合中心的浓度来使载流子寿命降低,因而使储存电荷 Q_{RR} 降低。但是复合中心的浓度(只要它们的轴向分布保持不变)和反向电流下降形态之间没有直接关系。因此,不能通过复合中心浓度来确定特性是否将是软的或阶跃的。

前述已经指出,只要低掺杂基区的宽度 W_B 足够宽,恢复特性就将变软。这也将导致产生很高的正向导通损耗或开关损耗,这在大多数情况下是不能接受的。现代设计概念目的在于不用大大增加基区宽度来控制软恢复特性。

1. 在低掺杂层中具有阶状掺杂的二极管

为了避免过宽的 W_B,从而使其不利方面减至最低程度,在 1981 年 Wolley 和 Bevaqua 提出了具有阶状掺杂浓度的 N⁻ 层。这种二极管的掺杂分布如图 2-24 所示。约在基区中部,掺杂增至 5~10 倍。这样的分层是两步外延工艺制成的。

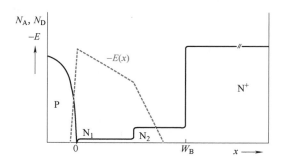

图 2-24 在低掺杂层具有阶状掺杂浓度的二极管

当空间电荷形成并且电场透入较高掺杂层 N_2,它就会在那里以较陡的梯度降低。在关断时,剩余等离子区位于 N_2 层里。器件能够承受的电压相当于 $-E(x)$ 线下方的面积。该面积大于三角形电场的面积。可能的阶跃反向恢复特性的门槛电压被移至较高的值。现在,这项措施已经常用于电压在 600V 以下的用外延工艺制造的二极管中。对于更高电压的二极管,尤其是 1200V 以上的,具有所需厚度的外延层的制造太难。对于在有关应用的所有条件下的软恢复特性,通常采用下面设计概念中的一个。

2. 具有改善恢复特性阳极结构的二极管

在有高掺杂边界区域的 PIN 二极管充满载流子的基区中,PN 结处的载流子浓度高于

NN⁺结处，这对于反向恢复特性是不利的。因此，开发出了颠倒这种分布的设计概念：NN⁺结处浓度将高于PN结处的浓度。利用这个原理在P阳极层中的结构已有几种接近实用化。

例如，肖特基结不能注入空穴。因此利用在部分面积上做成肖特基结将会得到（考虑了全面积上平均浓度的）所需的分布。组合的PIN/肖特基（MPS）二极管由P层和肖特基区域交替组成（图2-25a）。P层之间的距离选得很小，以至于在阻断电压的情况下，肖特基结被屏蔽在电场外，而在它的位置上只存在低的电场强度。因此，避免了肖特基结大的漏电流。如果MPS二极管被设计成阻断电压1000V以上，那么对较低正向电压降的目标转向了较低的电流密度，因为在低掺杂基区电压降是起主导作用的。但是，P区面积减少的影响使器件阳极一侧载流子注入减少，维持这种作用，自由载流子就形成了反转的分布（图2-25b）。

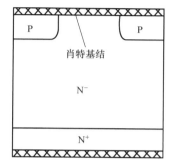 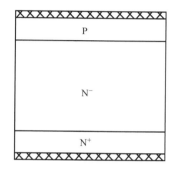

a) 组合的PIN/肖特基二极管的发射极结构　　　　b) 均匀地减少P掺杂，低注入比

图2-25　改善反向恢复特性的P发射极

3. EMCON二极管

用发射极结构取代发射极，面积减少，有高发射极复合的完整P层也可以得到所希望的等离子体反转分布。这个概念用在了发射极控制的（EMCON）二极管中。与组合的PIN/肖特基二极管或沟槽氧化物PIN/肖特基二极管相比，在生产上省力得多。

EMCON二极管用了低注入比的P发射极。发射极参数h_P可对掺杂不太重的P发射极表示为

$$h_P = \frac{D_n}{P^+ L_N} \tag{2-14}$$

式中，D_n为电子扩散系数；L_N为电子扩散长度。

为了降低注入比γ，h_P值必须大。根据式（2-14），如果发射极P^+的掺杂浓度选得低，并且如果有效扩散长度L_N也调到小的值，这两个措施可以降低注入比。P^+必须足够高，以避免电场穿通到半导体表面。对于薄的P层，L_N与P层的透入深度W_P大致相同，而且这个深度在EMCON二极管中也是小的。在此条件下，有

$$h_P = \frac{D_n}{P^+ W_P} = \frac{D_n}{G_n} \tag{2-15}$$

式中，$G_n = P^+ \cdot W_P$，是突变发射极条件下发射极的Gummel指数。$G_n = P^+ W_P$是突变发射极条件下发射极的Gummel指数，表示单位面积掺杂原子的数目。对于EMCON二极管的扩散

发射极，它更精确的表示是

$$G_n = \int_0^{W_P} P(x)\,dx \qquad (2\text{-}16)$$

按照式（2-16）用 Gummel 指数来增大 h_P，使之比突变发射极的大。大的 h_P 和小的 γ 导致 P_L 降低，这正是形成反转分布所需要的。h_P 是发射极复合起主导作用的系数。大 h_P 意味着总的复合中较大部分发生在 P 发射极内或是在表面。

高掺杂和高效率的发射极用在 EMCON 二极管的阴极一侧，因此等离子体浓度在这边高。

图 2-26a 所示为 EMCON-HE（高效）二极管（在 600V、25℃、225A/cm^2 下测量和模拟）的关断波形。测得的关断特性与数字器件模拟做了比较。这里，模拟的波形与测得的特性非常一致。数字模拟能使器件内的效应形象化。对应图 2-26a 所表示的时间段，自由载流子浓度的模拟分布如图 2-26b 所示。

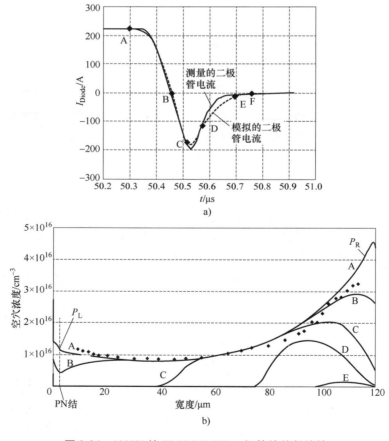

图 2-26　1200V 的 EMCON-HE 二极管的关断特性

在正向导通时，二极管充满了自由载流子。图 2-26b 为正向导通状态下测得的等离子体的分布（菱形点），正向导通状态下模拟的空穴分布（线 A），在换向过程中内部储存自由载流子（以空穴为例）的移出（线 B～E）。菱形点表示在正向导通时，EMCON 二极管中测到的载流子分布，是用内部激光偏转法得到的。用器件模拟器计算出来的自由空穴的浓度（图 2-26b 上线 A，对应于图 2-26a 上时间瞬间 A）与测得的浓度有很好的一致性。空穴的浓度代表等离子体的浓度；$N \approx P$ 适用于线 A～C 等以下的高充满区。对于 A 瞬间的起始分布，有两边空穴浓度比 $\eta = P_L / P_R \approx 0.25$，这是通过阳极里很强的发射极复合实现的。

在换向和电压极性变化期间（在图 2-26a 和图 2-26b 中的 C～E），空穴电流流向左边变成负极性的阳极，而电子电流流向右边变成正极性的阴极。如图 2-26b 所示，储存电荷的迁移发生在瞬间 B～E。在瞬间 C，二极管达到最大的反向电流。此后，电流仍然可以流动，这是由仍然存在的等离子体的消除产生的，这确保了软恢复特性。EMCON 二极管的 P 注入比小导致了浪涌电流容量降低的缺点。SPEED（快恢复）二极管包含了重 P 掺杂区域，很大程度上是为了消除这个缺陷。

4. MOS 控制二极管

MOS 控制二极管（MCD）的基本想法是引入第三个电极——MOS 栅极来改善二极管的特性。MCD 的基本形态有 MOSFET 相同的结构。如图 2-27 所示，MOSFET 包含 PN⁻N⁺ 二极管，它由 N⁺ 漏极区、轻掺杂 N 区以及与源金属化二极管的阳极相连接的 P 阱组成。二极管与 MOS 沟道平行，并当电压改变它的极性时就导通，是一个"反并联"二极管。二极管在导通状态时，漏极电极上的电压是负的。相应的等效电路如图 2-27b 所示。

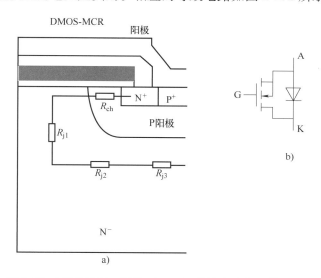

图 2-27　MOS 控制二极管（MCD）的基本结构和等效电路

用正的栅极电压打开 MOSFET 的沟道，形成平行于二极管的 PN 结的电流通道。如果沿沟道的电压降低至二极管的门槛电压（在室温下约 0.7V），则几乎全部电流流过沟道，而 MCD 工作在没有载流子注入的单极模式。因此，在换向期间，没有注入载流子的储存电荷被抽出。工作在这种模式时，结构被称为"同步整流器"。沟道电压高于门槛电压时，载流子通过 PN 结注入。但是，当说到同步整流器时，这种工作状态通常是排除在外的。

通常，MCD 是以一种不同的方式来使用的：因为在正向导通的大部分时间里，沟道是关闭的，MCD 像一个 PIN 二极管。在换向前短时间内沟道打开，结果 PN 结几乎被 N 沟道所短路。因此，阳极发射极的注入大为减少。

2.3 晶体管

1947 年发明的晶体管最初是一种点接触晶体管，其发射极和集电极是用细金属线压在作为基极的锗块上形成的。不久，人们就明白了这两个点接触上的金属半导体结可以用两个紧密耦合的 PN 结取代。

2.3.1 双极型晶体管

1. 双极型晶体管的结构与工作原理

图 2-28a 所示为功率晶体管的结构。发射区几乎都是条状排列，功率晶体管发射极叉指的宽度通常在 $200\mu m$ 范围。基极和发射极叉指相互交叉依次排列，就像两个梳子的梳齿相互交织在一起。集电区分成两个区域，一个承受电场的低掺杂 N^- 层和一个相邻的高掺杂 N^+ 层。这种双极型晶体管沿图 2-28a 中垂直线 *A—B* 穿过发射区的剖面扩散浓度分布如图 2-28b 所示。这种扩散分布表明了功率双极型晶体管的"三次扩散"特征。"三次扩散"一词代表依次进行深集电区扩散，然后是 P 基区扩散，最后是 N^+ 发射区扩散。在这里，N^+ 层是掺杂原子呈高斯分布的深扩散层。这个深扩散层也可以由外延层代替，于是就有了一种用外延片制造的晶体管。

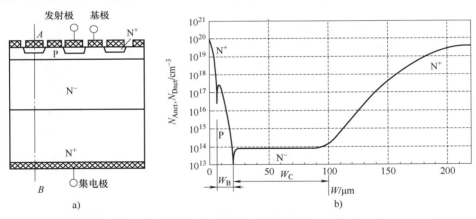

图 2-28　功率晶体管结构以及沿图 2-28a 中 *A—B* 线剖面的扩散浓度分布

双极型晶体管为 NPN 结构或者 PNP 结构。因此，它包含两个连续的 PN 结。除了电压范围低于 200V 以外的功率晶体管外，一般都采用 NPN 结构，如图 2-29 所示。

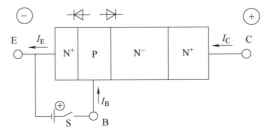

图 2-29　NPN 功率晶体管示意图

当给集电极 C 加上正电压，基极 B 和集电极之间的 PN 结反偏，发射极 E 和基极之间的 PN 结正偏。在基极开路时，基区中的电子浓度很低。基区的 P 型掺杂浓度范围为 $10^{16} \sim 10^{17} \text{cm}^{-3}$；因此，平衡少子浓度 $n_{P0} = n_i^2 / p_{P0}$ 在 10^4cm^{-3} 附近。此时集电极的电压虽然很高，但是晶体管中仅有很小的电流，为阻断状态。

如果开关 S 闭合而由基极注入正向电流 I_B，N^+P 结正偏，因此基区就会流入大量电子。但是，该基极电流 I_B 不仅使发射极电流增大，而且 P 基区的电子在阻断的基极-集电极结方向上有很高的载流子浓度梯度，这些电子会扩散进入低掺杂的 N^- 层。如果施加一个电场，这些电子就会被电场向集电极加速。

共基极电路中的电流增益 α 定义为

$$I_C = \alpha I_E + I_{CB0} \tag{2-17}$$

式中，I_{CB0} 是发射极开路时，基极和集电极之间的漏电流。此外，共发射极电路中的电流增益 β 定义为

$$I_C = \beta I_B + I_{CE0} \tag{2-18}$$

式中，I_{CE0} 是基极开路时，发射极和集电极之间的漏电流。根据图 2-29，I_C 是可控的负载电流，因此 β 是与基极控制电流有关的负载电流的电流增益。

根据图 2-29，如果采用如下关系式：

$$I_E = I_C + I_B \tag{2-19}$$

并忽略漏电流 I_{CB0} 和 I_{CE0}，那么根据式（2-18）就可以求解出 β，并代入式（2-19），得到如下关系：

$$\beta = \frac{I_C}{I_B} = \frac{I_C}{I_E - I_C} = \frac{I_C / I_E}{1 - I_C / I_E} = \frac{\alpha}{1 - \alpha} \tag{2-20}$$

如果采用式（2-17）和式（2-18）的确切定义，再把两个漏电流进行变换，也能得到同样的结果。由式（2-20）可以求解出 α 为

$$\alpha = \frac{\beta}{\beta + 1} \tag{2-21}$$

α 越接近于 1，集电极电流的电流增益 β 越高。

2. 功率晶体管的 *I-U* 特性及阻断特性

图 2-30 是 BUX48A 型双极型晶体管正向 *I-U* 特性的测试结果。可以看出，当集电极电压比较低，例如 0.4V 时，就已经能达到较高的电流密度了。因为 PN 结电压为 0.7V 左右，所以这对只有一个 PN 结处于正偏状态的器件是不可能实现的。双极型晶体管在这种工作模式下，两个 PN 结都是正偏的。其 PN 结上的电压方向与 N^+P 结上的电压相反。正向特性的这个区域压降非常低，被称为饱和区。此时，在基极电流大、电压 U_C 低的情况下，晶体管进入饱和模式。这个转折点在图 2-30 的 *I-U* 特性曲线中用数字 1 标出。

与饱和区相邻的是准饱和区，这一区域随着电压的增加，电流略有增加。这对应了图 2-30 所示的 *I-U* 特性曲线中点 1 到点 2 之间的区域电压更高时，双极型晶体管进入有源区。在有源区中，对于一个给定的基极电流，集电极电流几乎保持不变，不随集电极电压的增加而变化。

由正向曲线可以看出晶体管的短路能力。即使在负载短路的情况下，其电流也是有限的。如果基极电路中由 R 和 L 组成的负载发生短路，晶体管两端的电压就会一直上升，直

到外加电压 U_{bat} 完全降落于其上。短路模式下的短路电流大小由晶体管的 *I-U* 特性和所加基极电流来决定。这种工作模式下会产生很大的功耗，但是如果驱动电路中的监测功能能在短短几微秒内检测到短路，并关断器件，这种情况就能幸免。

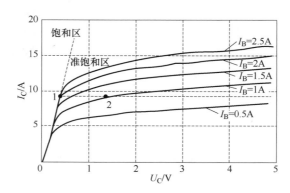

图 2-30　BUX48A 型双极型晶体管的正向 *I-U* 特性

晶体管在基极开路时的反向阻断电压和反向电流与单一 PN 结的反向不同，这一点对一个具有多个 PN 结的器件来说是非常重要的。这在双极型晶体管的实际应用中也很关键，因为对在基极开路时的外加电压而言，其值很低时器件就进入击穿状态，并且有可能被烧毁。另一方面，如果在基极上施加一个相对于发射极的负电压，此时两个 PN 结都是反偏状态。两个结的漏电流都成为基极电流，两个 PN 结之间不再相互影响。在这种情况下，集电极与发射极之间的阻断特性与集电极和基极之间的阻断特性近似相同。如果基极与集电极之间短路，也会出现同样的效果。实际应用中，如果集电极上出现很高的反向电压，那么就在晶体管基极上施加一个小的负电压。通常基极上施加的负电压是用来切断集电极电流的，并且在阻断模式下，要一直保持该负电压。

3. 硅双极型晶体管的局限性及 SiC 双极型晶体管

如果要设计一个高压晶体管，那么低掺杂集电层 W_C 必须足够宽。因为双极型晶体管的工作原理是基于空穴扩散进入低掺杂集电区，随着 W_C 的增加，电流增益会下降。高基极电流会在基极驱动单元产生很大的功耗。

通过引入两级或者三级达林顿晶体管，可以将对基极电流的要求减小到一个合理的值。具有 1200～1400V 阻断电压的达林顿晶体管已经出现，其每个单管芯的可控电流可以达到100A。采用达林顿晶体管后，难以实现很高的开关频率。不过对于开关频率在 5kHz 附近的变速电机驱动的要求，达林顿晶体管是可以满足的。

采用硅材料难以制作具有更高电压的器件。与此同时，一种场控器件 IGBT 被应用于电机驱动中。IGBT 要容易控制得多，并且在驱动器中功耗很低。因此在功率器件市场，双极型功率晶体管已经广泛被 IGBT 所替代。但是，关于双极型晶体管中一些物理效应的知识，对深入理解更复杂的功率器件中的物理效应还是十分重要的。

双极型晶体管采用 SiC 材料的话，集电层可以薄得多，W_C 可以大大减小。决定低掺杂区最小宽度的原理也适合 SiC 双极型晶体管的尺寸。由于 W_C 较小，甚至对于阻断电压在1000V 以上的晶体管，也可以达到适合的电流增益。为了获得高电流增益，高质量的外延生长和表面钝化非常重要。如果能够制备低接触电阻的欧姆电极，SiC 双极型晶体管可以具有很低的通态压降。

图 2-31 所示为一个 SiC "大面积" 双极型晶体管（有源面积为 15mm^2，击穿电压 U_{CE0} = 2.3kV）的 I-U 特性。该晶体管由 TranSiC AB 制造。对于一个基极开路、击穿电压 U_{CE0} = 2.3kV 的 BJT，其 β 值达到 35。由图可知，器件在饱和模式下，几乎是欧姆特性，并且通态电阻只有 0.03Ω，也就是说，对这个具有 15mm^2 有源面积的器件来说，通态电阻大约是 0.45$\Omega \cdot$ mm^2。

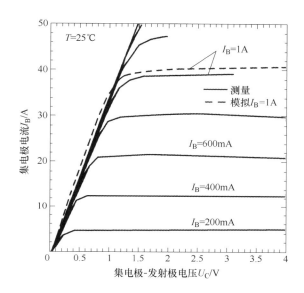

图 2-31 SiC "大面积" 双极型晶体管的 I-U 特性

SiC 晶体管为室温下采用小于 1V 的压降来运行高压器件提供了可行性，并且采用 SiC 材料可以提高集电区 W_C 中的掺杂浓度。此外，采用 SiC 还可以使器件具有较高的工作温度，但同时要考虑电流增益的下降和通态电阻的增大。不过 SiC 技术的发展可能会重新唤起人们对双极型晶体管的兴趣。

2.3.2 MOSFET

1. MOSFET 的结构和工作原理

要理解 MOSFET 的功能，或许要首先研究一下半导体表面。由于缺乏相邻的原子，某种半导体的表面总是其理想晶格的一种被扰乱的形态。因此，表面常常会生长一层薄氧化层，或吸附一些其他原子和分子。

接下来，假定在此 P 型半导体的表面有一层薄氧化膜，氧化膜上再镀一层金属膜。在这层金属膜上施加一个正向电压。进一步再添加两个 N$^+$ 区域分别作为源区和漏区。图 2-32 所示为横向 N 沟道 MOSFET。

正向电压的作用和正表面电荷的作用相同：当栅极上有足够大的正电压，两个 N 区就会通过反型层连接起来。由于有这样一个高于 U_T 的栅电压 U_G，漏极和源极之间才有电流通过。

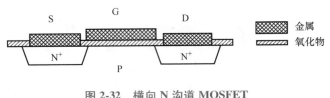

图 2-32 横向 N 沟道 MOSFET

S—源极　D—漏极　G—栅极

栅源阈值电压 U_T（对 N 沟道 MOSFET）：该阈值电压是这样一个栅极电压，在此电压下产生的电子浓度等于空穴浓度。

MOSFET 可分为 N 沟道 MOSFET（在 P 区形成一个 N 型沟道）和 P 沟道 MOSFET（在 N 区形成一个 P 型沟道）。

对于功率 MOSFET，栅区是由 N 型重掺杂多晶硅层组成的，由于 N^+ 掺杂多晶硅和 P 型半导体（考虑 N 沟道 MOSFET）中费米能级的位置不同，栅极和半导体之间已经存在了一个电势差。这两种效应都以相同的方式起作用，犹如一个外施正栅极电压，从而导致阈值电压 U_T 降低。N 沟道 MOSFET 在 P 区低掺杂和氧化层电荷密度高的情况下，U_T 是负的，甚至没有外加栅极电压，沟道也会存在。

图 2-32 所示的结构承受不了多高的漏源电压。如图 2-33a 所示的名为 DMOS（D 意为双扩散）的结构，用于 10V 以上的情况。图中，漏极前面有一个 N^- 区域，即漏极扩展区，该区承受阻断电压。

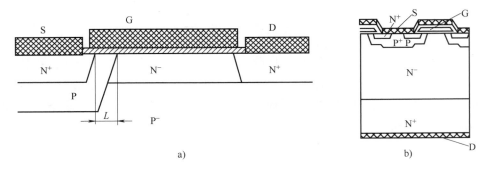

a)　　　b)

图 2-33 横向 DMOS 和纵向 DMOS 晶体管

横向 DMOS 晶体管常用于功率集成电路和智能功率集成电路（"Smart Power"）。但是，这种器件负荷电流低，因为 N^- 区需要占用半导体表面的很大一部分。如果要控制名副其实的"功率"，就须将承受电场的这个区域竖过来（图 2-33b）做成纵向 MOSFET。

于是，该半导体的体容得到利用，而其表面用于形成这些元胞。在半导体表面上形成许多由 P 阱和扩散 N^+ 源区组成的分立元胞。从图 2-33b 可以看到一个元胞的横断面。P 阱连接到源极的金属，以便于让寄生的 NPN 晶体管短路。为了使短路处具有非常低的电阻，在该处可以通过额外的 P^+ 注入，然后采用扩散的步骤来增大掺杂浓度。在这个阱的边缘就是沟道，沟道的上面用薄栅氧化层覆盖。在氧化层上做栅电极，栅电极通常由重掺杂的 N^+ 多晶硅组成。栅电极在某点（多在芯片中央）引出表面，并在那里用键合线焊牢。

纵向 DMOS（也叫 VDMOS）晶体管在许多领域得到了应用。自从 20 世纪 90 年代后期以来，随着沟槽栅 MOS 的引入，功率 MOS 的性能又有了很大的改进。沟槽栅 MOS 的沟道区也设计成纵向（图 2-34），因此可获得小得多的通态电阻，特别是在 100V 以下的较低电压范围。

2. MOSFET 的 *I-U* 特性

MOSFET 的 *I-U* 特性如图 2-35 所示。只要 U_G 小于阈值电压 U_T，该器件在源极-漏极之间加上正电压 U_D 时，就会处于阻断状态。MOSFET 的阻断电压受到雪崩击穿的限制。由于其 NPN 晶体管被一个低阻分流器短路而不起作用，所以 MOSFET 的阻断电压就等于二极管的阻断电压。这个二极管由 P 阱、低掺杂基区和 N^+ 层组成。

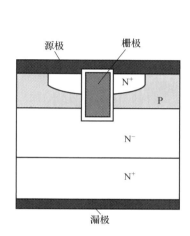

图 2-34 纵向沟槽栅 MOSFET

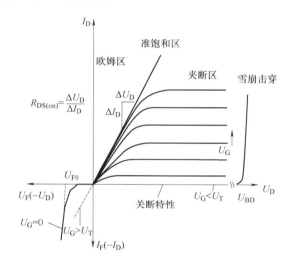

图 2-35 MOSFET 的 *I-U* 特性

在 $U_G>U_T$ 时形成电流输运沟道，导致图中所给的 *I-U* 特性。类似于双极型晶体管的电流增益，在这里要定义跨导。对于低电压 U_D，*I-U* 特性曲线为一条直线。对于给定的栅极电压 U_G 就能得到电阻 $R_{DS(on)}$。

欧姆区和夹断区之间的过渡区叫准饱和区。

在 MOSFET 的反方向中呈现出一个正向二极管特性。对一个功率二极管，其正向特性常常用阈值电压 U_{F0} 和微分电阻近似。

3. 现代 MOSFET 的补偿结构

对于 MOSFET，欧姆电阻不仅仅只考虑沟道电阻。当然，在阻断电压 50V 以上的器件中，低掺杂中间区域的电阻起到决定性作用。对于纵向 MOSFET，这一层是通过外延生长的，通常使用符号 R_{epi} 表示其电阻。图 2-36 描述了 MOSFET 的结构，并给出了带电载流子（电子）的流通路径和不同部分的电阻。

$$R_{DS(on)} = R_{sub}+R_{N^+}+R_{CH}+R_a+R_{epi}+R_S \qquad (2-22)$$

对于阻断电压小于 50V 的 MOSFET，要尽量减小沟道电阻。通过增加元胞密度（较大的 W），可以减小近表面部分的电阻。大部分进展是利用沟槽栅元胞实现的，这样可以消除附加电阻 R_a。

功率 MOSFET 的补偿原理已经通过 600V $CoolMOS^{TM}$ 技术于 1998 年应用在商用产品中。

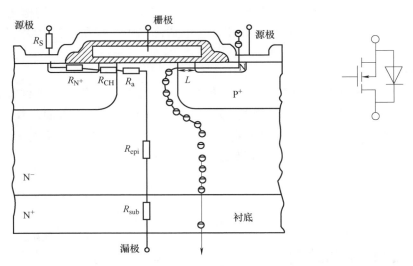

图 2-36　MOSFET 中的电流通路和电阻

相比传统的功率 MOSFET，比导通电阻（导通电阻 R_{on} 与有源区面积 A 的乘积）大大减小的基本原理是 N 漂移区施主受到位于 P 柱（也称为超结）区受主的补偿。图 2-37 画出了一个超结 MOSFET，并与标准 MOSFET 相比较。P 柱排在中间层，调整 P 型掺杂的值直到能补偿 N 区。补偿受主位于漂移区施主侧向附近。其结果是在整个电压维持区实现有效低掺杂。这样就获得一个近似矩形的电场分布，如图 2-37 的下图所示。对于这种形状的电场，最高电压能够在一个给定的厚度被吸收。N 层的掺杂浓度可以尽可能提高，只要在技术上能够用等量 P 型掺杂来对其补偿。在这个过程中，需要顾忌的是 N^- 区面积的减小。利用补偿原理，阻断电压对掺杂浓度的依赖关系得到了缓和，因而获得了一个调整 N 型掺杂的自由度。

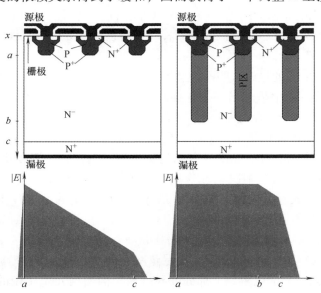

图 2-37　标准 MOSFET 和超结 MOSFET

4. MOSFET 的开关特性

由载流子通过沟道的渡越时间：

$$\tau_t = \frac{L}{v_d}$$

(2-23)

式中，L 为沟道长度（cm）；v_d 为载流子漂移速度（cm/s），$v_d = \mu_n E$，μ_n 为载流子迁移率 $[cm^2/(V \cdot s)]$，而电场强度 $E = U_{CH}/L$，其中 U_{CH} 为夹断模式下沟道中的峰值电势。可知

$$\tau_t = \frac{L^2}{\mu_n U_{CH}}$$

(2-24)

例如，当 $L = 2\mu m$、$U_{CH} = 1V$、$\mu_n = 500 cm^2/(V \cdot s)$ 时，得到渡越时间 $\tau_t \approx 80ps$。相应的渡越频率是：

$$f_t \approx 12.5GHz$$

(2-25)

实际上，对一个功率 MOSFET 而言，这个频率是可以达到的，因为存在有寄生电容。寄生电容导致一个决定有限频率的时间常数：

$$f_{co} = \frac{1}{2\pi C_{iss} R_G}$$

(2-26)

$$C_{iss} = C_{GS} + C_{GD}; R_G = R_{Gint} + R_{Gext}$$

(2-27)

C_{iss} 与推荐的栅极电阻 R_{Gext} 一样可以在数据手册中查到。内部栅极电阻的大小可以向厂商询问。

图 2-38 是该 MOSFET 的结构，其寄生电容标在图中。右边是带有寄生电容 MOSFET 的等效电路图，图示还有反并联二极管和一些电阻，但只画出来了 R_{CH} 和 R_{epi}。

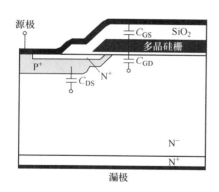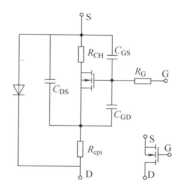

图 2-38　具有寄生电容的 MOSFET 的结构和等效电路图

因为在实际应用中总是存在电感性负载，所以现在讨论在感性负载条件下的开关特性。图 2-39a 所示为有电感性负载的 MOSFET 的开通波形。

开通状态的特性参量包括：

t_d：开通延迟时间，即 U_G 达到阈值电压 U_T 的时间。

$$t_d \sim R_G(C_{GS} + C_{GD})$$

(2-28)

t_{ri}：上升时间，在这个时间段内电流上升。

$$t_{ri} \sim R_G(C_{GS} + C_{GD})$$

(2-29)

由于电感性负载上方有续流二极管，反向电流峰值 I_{RRM} 会加进来。电压在这段时间内几

乎保持不变。

t_{fv}：电压降落时间，这时，续流二极管开始承受电压，MOSFET 上的电压下降，电容 C_{GD}（密勒电容）开始充电。

$$t_{fv} \sim R_G C_{GD} \qquad (2\text{-}30)$$

在这个阶段，U_G 保持在密勒电容的电压高度：

$$U_G = U_T + I_D / g_{fs} \qquad (2\text{-}31)$$

式中，g_{fs} 为正向跨导，表示 MOSFET 的信号增益（漏极输出电流变化量与栅源电压变化量之比）。

电压 U_D 下降到正向电压的值：

$$U_{on} = R_{on} I_D \qquad (2\text{-}32)$$

整个开通时间 t_{on} 为

$$t_{on} = t_d + t_{ri} + t_{fv} \qquad (2\text{-}33)$$

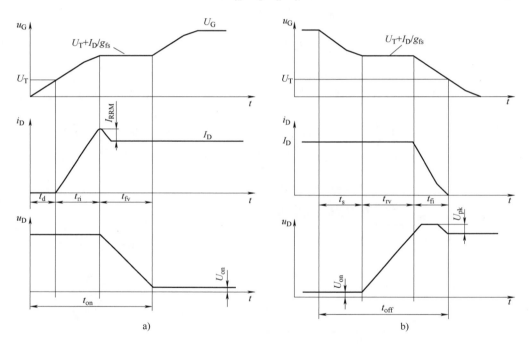

图 2-39　有电感性负载的 MOSFET 的开通波形和关断波形

图 2-39b 所示为有电感性负载下的关断波形。关断的特征参量 t_s 是存储时间。

驱动器中电压信号被置为 0 或者为负值。然而，栅极必须放电到其电压与通态电流 I_D 等于饱和电流时的电压值相等，即

$$U_G = U_T + I_D / g_{fs} \qquad (2\text{-}34)$$

与沟道并联的电容 C_{GS} 和 C_{GD} 必须放电，所以存储时间为

$$t_s \sim R_G (C_{GS} + C_{GD}) \qquad (2\text{-}35)$$

t_{rv}：电压上升时间，电压上升到由电路确定的值。在初始值，电流为一常数。栅电压保持在密勒稳定值。密勒电容 C_{GD} 必须放电，因此

$$t_{rv} \sim R_G C_{GD} \tag{2-36}$$

t_{fi}：电流下降时间，栅电容 $C_{GS}+C_{GD}$ 放电且电流减小。电流变为 0（或者，更确切地说，达到了断态的漏电流的值），当 U_{GS} 降到 U_T：

$$t_{fi} \sim R_G (C_{GS}+C_{GD}) \tag{2-37}$$

在这一阶段，一个尖峰电压 U_{pk} 附加在外加电压上。这个尖峰电压包括：①感应电压，它是由在寄生电感 L_{par} 上的电流斜率 di/dt 产生的；②二极管开通电压尖峰 U_{FRM}。于是：

$$U_{pk} = \left| L_{par} \cdot \frac{di}{dt} \right| + U_{FRM} \tag{2-38}$$

整个关断时间为

$$t_{off} = t_s + t_{rv} + t_{fi} \tag{2-39}$$

开通和关断的开关边缘可以在所述条件下通过栅极电阻来控制。随着 R_G 的减小，开关时间减小，同时开关损耗也可能减小。

从开通时间和关断时间可以推出频率极限：

$$f_{max} = \frac{1}{t_{on}+t_{off}} \tag{2-40}$$

5. MOSFET 的开关损耗

一个功率 MOSFET 可以实现的最大开关频率依赖于开关损耗。每个脉冲周期的能量损耗就像其他器件一样是可以估算的，通过在开通和关断过程中对 $u(t)$ 和 $i(t)$ 的乘积进行积分。

导通损耗和阻断损耗还要相加到开关损耗上。对于功率 MOSFET，阻断状态下的漏电流大约有几微安，因此阻断损耗可以忽略不计。导通损耗是不可以忽略的。

这些损耗只能通过热流从管壳传出去。最大允许损耗是由散热条件、可承受的温度差和热阻决定的。

潜在的开关转换频率一方面依赖于热参数，同时也要考虑电路中的其他器件，因此整个电路必须是最优化的。更小的栅电阻 R_G 可以减少开关时间，从而可以降低开关损耗。另一方面，斜率的陡峭度在实际中也是要受到限制的：电机绕组的限制，它不能承受过高的 du/dt；甚至还要受感性电路中必不可少的续流二极管的限制。续流二极管选择不当的话，提高 di/dt 就会导致急速开关特性，出现电压尖峰和振荡等现象。

6. MOSFET 的安全工作区

如图 2-40a 所示，在源漏之间，MOSFET 的结构还包括一个与 MOS 沟道并联的寄生双极型 NPN 晶体管。

这种寄生 NPN 晶体管会带来很多问题：

1）阻断电压将会被这样一个基极开路的晶体管降低。

2）当施加一个高 du/dt 的电压时，由于基极-集电极结的耗尽层开始充电，可能会产生一个位移电流。该电流会触发这个晶体管。

最终，二次击穿效应将限制晶体管的安全工作区。

因此，NPN 晶体管的基极-发射极结需要用一个小电阻 R_S 短路。该电阻的值通常越小越好，可以通过额外 P^+ 离子注入（P^+ 掺杂）提高这一区域掺杂水平，并且通过光刻工艺选择尽可能小的 N$^+$ 源区的长度来实现小电阻。

如今的 MOSFET 中，寄生晶体管已经被有效地抑制了。因此，安全工作区不再受二次击穿的限制。如今 MOSFET 的安全工作区（SOA）是矩形的，如图 2-40b 所示。

安全工作区只受到阻断电压和功率损耗的限制。图 2-40b 中，脉冲时间超过 10μs 的 SOA 曲线都受到结温不能超过 150℃ 的最大功耗的限制。

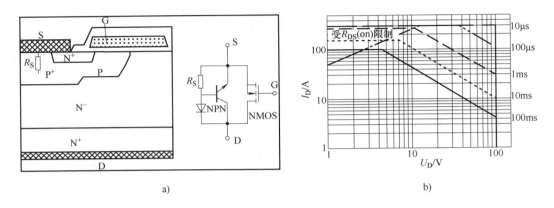

图 2-40　MOSFET 及其等效电路和安全工作区

2.3.3　IGBT

1. IGBT 的结构与功能模式

为了使双极型器件高电流密度的特点与 MOSFET 的电压控制特性结合起来，人们进行了大量的研究。早期的工作试图把晶闸管相关结构与 MOS 栅控结合起来。然而，基于晶体管的器件赢得了这场竞赛。Wheatley 和 Becke 于美国发明了绝缘栅双极型晶体管（IGBT）。其相对于双极型晶体管和 MOSFET 的优势如参考文献所述。大概十年后，IGBT 被来自日本和欧洲的企业引入市场，在很短的时间内，IGBT 就获得了越来越多的应用份额，并且取代了以前所使用的双极型功率晶体管，当今在大功率方面甚至取代了 GTO 晶闸管。

在第一代粗略的方案中，IGBT 其实是一个漏端的 N$^+$ 层被 P 层所替代的 MOSFET。IGBT 结构如图 2-41a 所示。集电极和发射极的符号取自双极型器件，这样阳极（集电极）和阴极（发射极）也能讲得通。

如果在 IGBT 的集电极（C）和发射极（E）之间施加正向电压，那么器件呈阻断状态。如果在栅极（G）和发射极之间施加一个高于阈值电压 U_T 的电压 U_C，就形成 N 沟道，电子流向集电极（图 2-41a）。在集电极端的 PN 结产生正向电压，空穴从集电极 P 层注入低掺杂的中间层。注入的空穴导致荷电载流子浓度的增加；所增加的载流子浓度降低了中间层的电阻，并且引起了中间层的电导率调制效应。IGBT 最初被称为 COMFET（电导调制场效应晶体管），IGT（绝缘栅晶体管）也是长期使用的名称。与 MOSFET 类似，IGBT 也是通过施加栅极电压控制 N 沟道的形成和消除来达到导通和关断的目的。

　　图 2-41a、b 表示一个类似于晶闸管的 PNPN 结构，然而晶闸管功能完全被高电导发射极短路电阻消除了。图 2-41c 为该四层结构的等效电路。NPN 和 PNP 两个子晶体管形成了一个寄生的晶闸管结构。NPN 子晶体管的发射极和基极之间通过电阻 R_S 短路。有了这个电阻，NPN 晶体管在小电流时的电流增益被消除。但是在大电流时，NPN 晶体管可被激活，通过 PNP 子晶体管，寄生晶闸管可被触发进入具有内部反馈回路的通态模式。这个效应被称为闩锁：该器件不再受 MOS 栅极控制。寄生晶闸管的闩锁对 IGBT 是一个破坏性的效应。

　　对足够低的电阻 R_S，NPN 子晶体管可被忽略，简化电路如图 2-41d 所示。这也是理解IGBT 最重要的等效电路。PNP 晶体管的端子分别用 C′、E′ 和 B′ 表示。IGBT 的集电极 C 即为 PNP 晶体管的发射极 E′。就 IGBT 的物理特性而言，它就是一个发射极。当栅极电压 U_G高于阈值电压时沟道形成，沟道电流 I_{ch} 流过 PNP 晶体管的基极端。

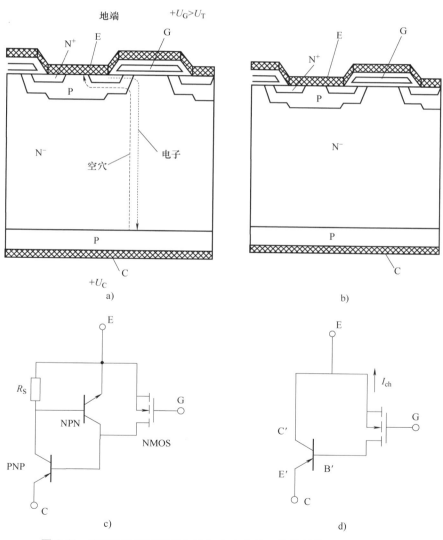

图 2-41　IGBT 导通状态下电子和空穴电流、简化结构以及等效电路

2. IGBT 的 *I-U* 特性

20A/600V 的 IGBT 的正向 *I-U* 特性如图 2-42a 所示。其特性与 MOSFET 相似。

当栅极电压 U_C 比阈值电压 U_T 高时，沟道导通。与 MOSFET 不同的是 IGBT 在集电极一侧存在一个 PN 结的结电压。IGBT 通常用作功率器件时是工作在饱和区的，类似于 MOSFET 和双极型晶体管。工作点在 $U_G = 15V$ 的特征曲线分支上。在这个分支的状态下工作，当电流 I_C 给定时，就能读出产生的压降 U_C。

图 2-42b 是 $U_G = 15V$ 时，$I_B = 2.5A$ 的高驱动下 IGBT 与双极型晶体管特性曲线的对比图。这两个模式都是指 600V 的情况，并且存在一个可比较的区域。在 IGBT 的特性下反向 PN 结所引起的阈值电压是可识别的。低电流密度下由于没有达到阈值电压，双极型晶体管会产生下限压降。然而，在 14A 型以上的高电流密度下，IGBT 的正向电压比双极型晶体管要小得多。所示的 IGBT 的额定电流为 20A；但是尽管在高基极电流下，双极型晶体管达不到这个电流水平。

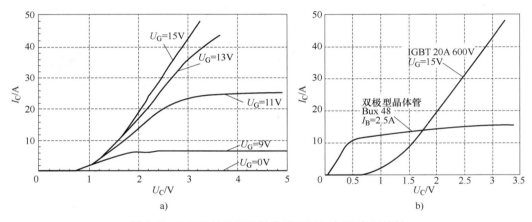

图 2-42　IGBT 的 *I-U* 特性曲线和正向电流-电压特性

对更高电压范围内的功率器件进行比较，将会有更大的差异。尤其是 IGBT 也可以为高电压而设计，它并不像 MOSFET 和双极型晶体管一样受物理机理的限制。与此同时，高达 8kV 的 IGBT 已经被生产出来。

3. IGBT 的开关特性

用图 2-43 所示的感性负载电路可以测试 IGBT 的开关特性。该负载的时间常数 $\tau = L/R$ 被选得很高，以便在开关瞬间之前可以把电流和电压假定为常数。

电流上升时间、电压下降时间、内部电容和栅极电阻的关系与图 2-39 所讨论的类似。IGBT 在大多数应用中要带一个 PIN 续流二极管；在开通过程中，它要承受反向电流峰值和续流二极管存储电荷。

IGBT 每一次脉冲的开通能量，在下面的简化公式中给出：

$$E_{on} = \frac{1}{2}U_{bat}(I_C + I_{RRM})t_{ri} + \frac{1}{2}U_{bat}\left(I_C + \frac{2}{3}I_{RRM}\right)t_{fv} \tag{2-41}$$

在 IGBT 关断时，正栅极电压被置为 0 或负值，在第一时间间隔，所有过程与图 2-39b 所示的 MOSFET 的关断过程相似。只要 IGBT 存储的电荷不是太高，电压上升时间与内部电容和所选栅极电阻之间的关系也是相似的。如果栅极电容突然放电，那么沟道电流则被阻断。通常使用一个栅极电阻，U_G 会降低到密勒稳定值 $U_G = U_T + I_D/g_{fs}$。电压上升期间，感性负载电路中 IGBT 的电流持续不断地产生，直到电压比外加电池电压 U_{bat} 高为止。在电压上升时间内，沟道电流减少，同时流经 P 阱的空穴电流等量增加，载流子被空穴电流从 N 基区抽取。与稳态导通模式相比，空穴电流得到了增加。关断过程最严重的问题就是可能出现闩锁效应。为了达到避免闩锁效应的要求，就要限制 IGBT 可能关断的最大电流。

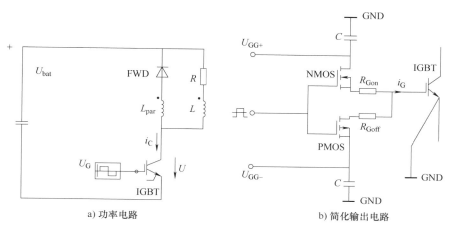

a) 功率电路   b) 简化输出电路

图 2-43   IGBT 开关特性的测试

空穴电流使荷电载流子从 N 基区消除，形成空间电荷区，并使器件承载外加电压。当电压增加到 U_{bat} 后，电流急剧下降。在 IGBT 中，下降电流的斜率 di/dt 可以由栅极电阻有限调节。斜率 di/dt 在寄生电感中引起一个感应电压峰值，再加上续流二极管的正向恢复电压峰值 U_{FRM}，那么电压峰值为

$$\Delta U = L_{par}\frac{di_C}{dt} + U_{FRM} \tag{2-42}$$

如果器件所用电压范围大于 1700V，U_{FRM} 部分就非常重要。

作为与 MOSFET 和双极型晶体管的最大不同点，IGBT 的特点是关断期间有一个拖尾电流。包括拖尾电流的 IGBT（200A/1200V，英飞凌制造，$T = 125℃$，$R_{Goff} = 3.3\Omega$）的关断测试如图 2-44 所示。电流下降到 I_{tail}，然后在时间间隔 t_{tail} 期间电流缓慢下降。拖尾电流终点的测量非常困难，因为它下降得非常缓慢。拖尾电流时间 t_{tail} 取决于器件中剩余荷电载流子的复合。非穿通型 IGBT 具有典型的高电荷载流子寿命，t_{tail} 可以达几微秒，而 t_{rv} 大约为 100ns 量级，t_{fi} 也在 100ms 范围内。

在拖尾电流时间内，电压高，并且在此期间产生的损耗增加不可忽视。在实践中，每个脉冲关断能量都是由示波器测量的；整个关断时间间隔电流波形和电压波形相乘并积分。简化估计：

$$E_{off} = \frac{1}{2}U_{bat}I_C t_{rv} + \frac{1}{2}(U_{bat} + \Delta U)I_C t_{fi} + \frac{1}{2}I_{tail}U_{bat}t_{tail} \tag{2-43}$$

IGBT 通常应用在桥式电路中。IGBT 大多数是在负栅极电压下关断，如图 2-44 所示。阻断模式下，施加 -15V 电压，有时也施加更小的 -8V 电压。这不但对栅极电压的波形没有影响，对关断时的电流电压波形也没有太多影响。

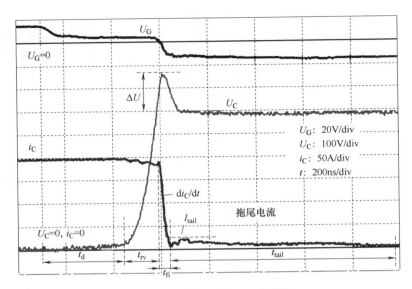

图 2-44　非穿通型 IGBT 的关断

4. IGBT 的基本类型

在第一代 IGBT 中，MOSFET 的 N⁺ 衬底被 P⁺ 衬底所取代。这种结构对寄生晶闸管的闩锁效应特别敏感。通过增加一个中等掺杂的 N 层可以改善这种特性，这就是所谓的 N 缓冲层，在 P⁺ 衬底和低掺杂的 N⁻ 层中间。N 缓冲层必须要有足够的掺杂浓度 N_{buf}。电场可以穿透到 N 缓冲层中，形成梯形电场。根据这个特点将其称为穿通 IGBT 或 PT-IGBT，结构如图 2-45a 所示。

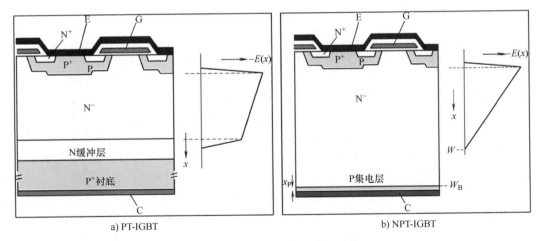

图 2-45　IGBT 的结构和电场形状

如前所述，电流增益 α_{PNP} 必须要被调制，并且不必太高。缓冲掺杂 N_{buf} 对其有影响。

在低载流子寿命下，衬底中的扩散长度 L_P、输运因子 α_T 以及最终的 α_{PNP} 都会减小。为了降低载流子寿命，要采用一些产生复合中心的技术。使用铂扩散、电子辐照、He²⁺ 或质子辐照，抑或以上方法其中两个的任意组合；对于不同的供应商和其特殊的器件级别，具体过程是不同的。这些器件具有关断损耗低的特点。

PT-IGBT 的基本材料的制备是采用外延工艺。N 缓冲层和 N⁻ 层淀积在 P⁺ 衬底上。这项技术很适用于 600V 以内电压范围的器件。对于 1200V 的器件，因为必须要厚外延层，对外延技术的要求增加。在过去几年里，PT-IGBT 在阻断电压 600V 及以下的应用中占主导地位。

作为另一种概念，所谓 NPT-IGBT（非穿通 IGBT）被提出。它是基于 Jeno Tihanyi 的建议，由西门子（今天的英飞凌）实现的。其结构如图 2-45b 所示。空间电荷区为三角形。阻断电压由 $E(x)$ 曲线下所包围的面积决定，有着相同阻断电压的器件，必须设计更厚的基区宽度 W_B。第一代 IGBT，在空间电荷区终端 $x = W$ 处和 P 集电层 $x = W_B$ 之间选择一个相对较长的距离。因此，高电压下 PNP 晶体管的有效基区为 $W_B - W$。

NPT-IGBT 对闩锁效应有着很强的抑制作用，非常经得起短路的冲击。这种类型的等离子体调制控制有着进一步的优势。其正向电压的温度依赖性非常适合并联。在典型的 I_C 工作电流范围，压降 U_C 在集电极电流 I_C 和栅极电压 U_G 恒定不变的情况下随着温度的升高而增大。漂移区两端电压主要受温度和迁移率关系的控制。随着温度的升高迁移率显著减少，U_C 随着温度的升高而升高。

U_C 的这种温度依赖性（亦称"U_C 的正温度系数"）一方面使高温工作状态下导通损耗增大，但是另一方面，如果器件是并联的，这也是优点：如果其中一个器件由于生产的偏差而 U_C 较小，它就要承受较大的电流，该器件的温度就会上升。然后其 U_C 就会升高，电流就会减小。由于这种负反馈的产生，并联器件系统变得稳定了。

NPT-IGBT 的制造工艺可以控制得更加精确，应用离子注入技术可将集电极端的注入比调节得更加准确。由于经久耐用并适合并联，NPT-IGBT 成为应用中的主要器件。同时，600V 的 NPT-IGBT 也被开发出来，并站稳了市场。在关断时，NPT-IGBT 有一个很长的拖尾电流，如图 2-44 所示。PT-IGBT 的拖尾电流较短但是幅度更大。这一点在考虑了内部等离子体分布以后就更容易理解。

5. IGBT 的双向阻断能力

对于一些电力电子方面的应用，例如矩阵变流器，必须有双向阻断器件。IGBT 结构包含一个 P 层在集电极端形成的 PN 结，底部 PN⁻ 结以及顶部的 N⁻P 结有承受电场的能力。这种结构与具有双向阻断能力的晶闸管的结构相似。然而在背面的 PN⁻ 结没有明确的结终端。对于浅 PN 结来说，这种平面结终端需要微观结构。因为对于在晶片单面上制造微观结构的半导体技术已经很完善了，所以结终端制造工艺仅仅在晶片的正面是可行的。

一个可能的解决方法是把背面的 PN⁻ 结引到晶片正面。这可以通过穿透整个晶片的深 P 层扩散来完成，这项技术被称为"扩散隔离"。具有深边缘扩散的对称关断 IGBT 的原理图如图 2-46 所示。在某个区域内进行深扩散后，集电极端的 PN⁻ 结就被引接到晶片前端，在最后一步芯片切片时也在这个深扩散区域。现在就可以在两个方向都采用结终端结构了，在图 2-46 中对于正向就是利用电势环（Potential Ring）实现结终端结构。正向结终端结构终止于沟道截断环，对于反向结终端结构应用了场板结构。

器件在两个方向阻断电压就像一个晶闸管。双向阻断 IGBT 设计尺寸就像 NPT 类型。P 集电层前面的缓冲层将会在反向中减小，甚至消除反向阻断能力。因此对三角形电场分布需要最小基区层厚度 W_B。在参考文献中，对一个 1200V 的反向阻断 IGBT，这一厚度为

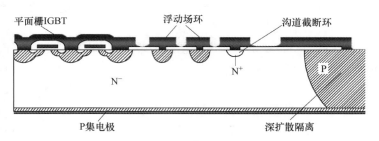

图 2-46　具有边缘扩散的对称关断 IGBT

$200\mu m$；电场分布与图 2-45b 相似。

由于无法使用缓冲层，所以反向阻断 IGBT 的正向压降 U_C 无法达到与其他现代 IGBT 一样低。但是 U_C 肯定比串联 IGBT 其中之一和二极管要低。

在后来的矩阵变流器的应用中，在某些开关动作时反向阻断 IGBT 工作与续流二极管类似，它会像二极管一样无源关断。由于 IGBT 中载流子寿命高，所以就会出现高反向恢复峰值电流 I_{RRM} 和高反向恢复电荷。在参考文献的概念中，使用了电子辐照，可以使 I_{RRM} 减少 10%。载流子寿命变短又会增加开通损耗，因此必须要做出折中。

后面的工作主要是改善反向阻断 IGBT。然而，图 2-46 右侧所示的深扩散也会造成侧面横向扩散，该扩散范围大约是扩散深度的 80%。采用厚度大于 $100\mu m$ 的晶片，这个深 P 层将会变得很宽。这会导致承受电流区域面积的损失，有源区损失，不能用来输运电流的结终端结构所占面积的比例很高。为了改进这一结构展开了许多研发工作，例如，用深沟槽栅代替深扩散区域。

2.4　晶闸管

很久以来晶闸管在电力电子开关器件领域都占据统治地位。晶闸管于 1956 年提出，并在 20 世纪 60 年代早期进入市场，早期的出版物中人们是采用首字母缩写 SCR（可控硅整流器）来代表晶闸管，并且直到今天偶尔也会用到这个词。在它的基本结构中，晶闸管制造并不需要很精细的结构，所以只需要成本低廉的光刻设备。目前，晶闸管在低开关频率领域仍然有广泛的应用，比如应用于工频 50Hz 或 60Hz 的可控输入整流器。晶闸管的一个更实际的应用领域是其他器件无法满足使用要求的大功率范围，比如阻断电压很高、电流很高的情况。对于高压直流输电，具有 8kV 阻断电压和 5.6kA 以上额定电流的 6in（1in = 0.0254m）硅片单器件晶闸管已经在 2008 年问世。

2.4.1　晶闸管的结构与功能

图 2-47 是一个晶闸管结构的简化示意图。整个器件由四层、三个 PN 结组成。P 型掺杂的阳极层位于底端，接着是 N 基区、P 基区、最后是 N^+ 阴极层。

图 2-47 中，由四个交替掺杂层形成的三个 PN 结分别用二极管符号 J_1、J_2、J_3 标注。如果在正向阻断方向加一个电压，只要器件处于正向阻断状态，J_1、J_3 结会正偏，而 J_2 结为反

偏，因此在 J_2 结处将建立一个具有强电场的空间电荷区（图 2-47c），这个空间电荷区在轻掺杂 N^- 层扩展得很宽。

如果沿晶闸管的反向阻断方向加一个电压，使 J_2 结正偏，J_1、J_3 结反偏，因为 J_3 结两侧都是重掺杂，所以 J_3 结的雪崩击穿电压一般比较低（$\approx 20V$），则外加电压主要由 J_1 结承担。电场分布形状如图 2-47d 所示。因为电场是由低掺杂的 N^- 层承担，而且由于上下两个 P 层一般是经过一次扩散步骤后在器件两侧同时形成的，所以晶闸管两侧的阻断特性几乎相同（如果 NPN 晶体管短路）。晶闸管是一种对称阻断器件。

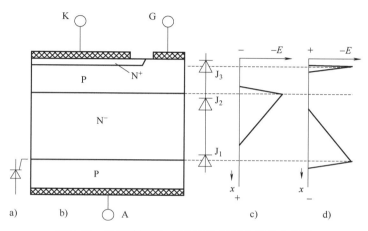

图 2-47　晶闸管符号、PN 结构及其电场分布形状

晶闸管可分成两个子晶体管，一个 PNP 晶体管和一个 NPN 晶体管，这两个晶体管的共基极电流增益分别为 α_1 和 α_2（图 2-48）。

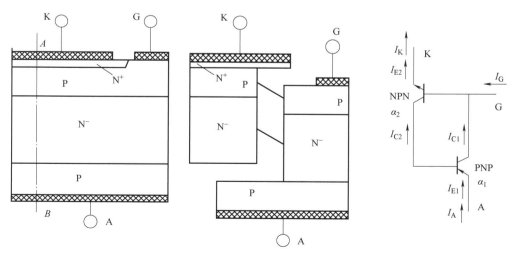

图 2-48　晶闸管分解成两个子晶体管及其等效电路

一个实例晶闸管沿图 2-48 中线 A—B 剖开的扩散杂质分布如图 2-49 所示。制造晶闸管首先选一个轻掺杂 N^- 型晶圆，通常情况下，两个 P 层用扩散同时形成：把受主杂质（如

铝）预沉积在晶片的两个表面，接下来高温扩散推进。为了形成 J_1 和 J_3 两个深 PN 结，尤其对高压晶体管，由于铝在硅中扩散相对较快，所以铝是一种很好的扩散源。为了调节 N^+P（J_3 结）和阴极接触附近的掺杂浓度，还需要采用额外的 P 层扩散，这样 P 层中最终的掺杂分布可以近似成几个高斯分布的叠加。J_1 结和 J_2 结在 P 侧都呈现很浅的扩散分布度，这样有利于制造带斜边的结终端结构。在各种情况下，晶闸管的双向阻断能力都由 PNP 晶体管中厚度为 W_B、掺杂浓度为 N_D 的基区决定。

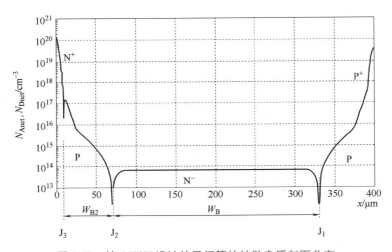

图 2-49　按 1600V 设计的晶闸管的扩散杂质剖面分布

2.4.2　晶闸管的 *I-U* 特性

晶闸管正向 *I-U* 特性有两个分支：正向阻断模式和正向导通模式。*I-U* 特性简图如图 2-50 所示。在正向阻断模式中，漏电流 $I_{DD,max}$ 处对应的电压定义为正向阻断最大电压 U_{DRM}；在反向中最大允许电压 U_{RRM} 是指最大反向电流 $I_{RD,max}$ 对应的电压。

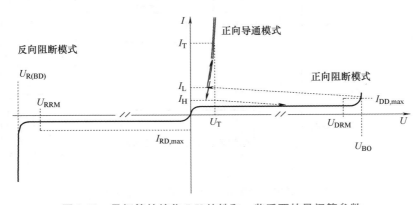

图 2-50　晶闸管的简化 *I-U* 特性和一些重要的晶闸管参数

数据手册中，U_{DRM} 与 U_{RRM} 的值与实际器件的测量值相比有可能存在差异，这正和前面

提到的二极管的 I-U 特性一样。在反向特性中，反向阻断能力受 $U_{R(BD)}$ 限制。在正向特性中，正向阻断能力是由转折电压 U_{BO} 定义的。当外加电压高于 U_{BO} 时，器件被触发，切换至正向导通状态。这种触发模式，即转折触发，通常在晶闸管中是要避免出现的。一般晶闸管由门极触发。在转折触发的情况下，尤其对大面积晶闸管来说，器件会因失控的局部电流密度集中而局部过载，从而有可能损坏。

在正向导通模式中，电流 I_T 对应的压降为 U_T。对于大电流的情况，I-U 特性曲线类似于功率二极管的正向特性。若中间层充满了自由载流子，则有可能得到和功率二极管相同的电流密度。如前所述，功率二极管的 I-U 特性最大允许正向压降 $U_{T,max}$ 的数据手册值高于器件的实际值 U_T，这是因为在器件的电气测试过程中存在一些不可避免的变化因素。因此制造商一般是标定一个具有一定安全裕量的值。

正向特性的专用参数：

擎住电流 I_L：在一个 $10\mu s$ 触发脉冲的末尾能使晶闸管安全转入导通模式，并在门极信号归零后还能安全地维持住导通状态所需的最小电流。

维持电流 I_H：保持晶闸管在无门极电流时处于导通模式所需的最小阳极电流，该电流确保导通的晶闸管不会关断。电流降至 I_H 以下会导致晶闸管关断。

因为在开通过程的初期，载流子并没有完全涌入整个器件，所以应该有 $I_L > I_H$，擎住电流一般是维持电流的两倍。

2.4.3 晶闸管的阻断特性

从功率二极管、晶体管的章节中，已经知道雪崩击穿是晶闸管阻断能力的极限。晶闸管的阻断性能中还有第二个极限条件，即穿通效应：随外加电压升高，空间电荷区逐渐扩展过整个 N⁻ 层，到达相邻的相反掺杂层（P 层），这时有空穴在电场中加速，阻断能力消失。在二极管中已经提到过名词"穿通"，但是两者含义不同，在二极管中空间电荷区在 N⁻ 层中扩展并穿透 N⁻ 层进入 N⁺ 层，阻断能力反而会更强。

为了简化起见，在以下的讨论中假设整个 N⁻ 层中的电场为三角形分布，并对穿通进入反向阻断 PN 结的 P 层的空间电荷区忽略不计。雪崩击穿电压及其与本底掺杂浓度的关系，其关系曲线如图 2-51 线（1）所示。除此之外，空间电荷区的宽度在忽略较小的内建电压 U_{bi} 时得到（ε 为介电常数）：

$$U_{PT} = \frac{1}{2} \frac{qN_D}{\varepsilon} W_B^2 \tag{2-44}$$

在式（2-44）中电压设为 $U_R = U_{PT}$，这个电压使空间电荷区扩展到相反掺杂区，即 $W = W_B$ 处的电压。对 $W_B = 250\mu m$ 和 $450\mu m$，U_{PT} 的计算值分别为图 2-51 中线（2）和线（3）所示。

利用图 2-51 中线（1）和线（2）的交点，可以估算出阻断电压约为 1600V 的晶闸管基区宽度 W_B 和掺杂浓度 N_D 的最佳设计参数。如果掺杂浓度降至交叉点处对应的浓度以下，雪崩击穿电压将会提高，但是在外加电压还低于雪崩击穿电压时，空间电荷区就会扩展到相反掺杂的 P 层。这时穿通效应就会限制晶闸管的阻断能力。

接下来将要研究怎样达到雪崩击穿和穿通给出的极限条件。在反向条件下，可以忽略 J₃

结上面的小压降（J_3 结一般被短路），阻断结 J_1 的特性可以等效为一个基极开路配置的双极型 PNP 晶体管。J_1 结的阻断能力低于一个 PN 二极管的阻断能力。如果 $M_P\alpha_1 = 1$ 成立，即：

$$M_P = \frac{1}{\alpha_1} \qquad (2-45)$$

雪崩击穿就会开始。只有当 $\alpha_1 = 0$ 时，该 PN 结的雪崩击穿电压才可以达到针对二极管的雪崩击穿电压值。因为 $M_P \ll M_N$，该效应不像 NPN 晶体管中那样强烈，其雪崩击穿起始电压会更低，如图 2-51 中的点画线所示，击穿电压下降到接近于线（1）和线（2）的交点。

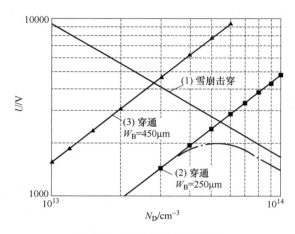

图 2-51 晶闸管的阻断能力

器件处于正向时 J_2 是阻断结。其阻断能力由转折电压 U_{BO} 决定。利用触发条件，设 $I_G = 0$，并对 PNP 晶体管考虑空穴电流的倍增因子，对 NPN 晶体管考虑电子电流的倍增因子。当阳极电流为

$$I_T = \frac{M_{SC}I_{SC} + M_P I_{P0} + M_N I_{N0}}{1 - (M_P\alpha_1 + M_N\alpha_2)} \qquad (2-46)$$

达到转折电压。

对于式（2-46）中定义的 α_1 和 α_2，必须采用小信号电流增益。在 $M_P\alpha_1 + M_N\alpha_2 = 1$ 时将达到转折电压。因为总有 $M_N \gg M_P$ 所以正向转折电压将对 α_2 十分敏感。只有在 $\alpha_2 = 0$ 时，晶闸管的阻断能力才和反向一样。

两个电流增益都与温度有关，并在小电流下随温度升高而增加。为了保证晶闸管在高温下的阻断特性，对于小电流 α_2 必须减小；因为阻断能力要求对称，所以 α_2 在小电流下必须为零，通过发射极短路点可以实现这一点。

2.4.4 晶闸管的触发方式

晶闸管可以通过以下方式触发：

1）由门极电流触发。这是最常见的晶闸管触发方式。对于工程技术应用，必须给出下列参数：

I_{GT}、U_{GT}：为了安全触发晶闸管，一个门极单元必须提供的最小电流和最小电压。

I_{GD}、U_{GD}：晶闸管不会被触发的门极最大电流和最大电压。要避免干扰信号（例如电缆与驱动单元之间的电磁串扰）的误触发，这两个参数十分重要。

2）超过转折电压后触发。在常用的功率晶闸管中，这种触发模式要极力避免出现。但是对晶闸管结构进行特殊修改，比如 SIDAC（高压双向触发二极管）或 SIDACtors（高压触发器件），可以采用转折触发来作为防止器件进入高压的保护。这些结构相互连接，并联在器件或者集成电路上形成保护。这些结构在电压高于 U_{BO} 时触发，从而防止电路的其他部分电压过高。它们的电压主要限于中低电压（10~100V）范围。集成电路中静电放电（ESD）保护结构

就采用了 PNPN 晶闸管结构，这就是采用了与转折触发相同的原理。

3）在正向中被斜率 du/dt 高于临界斜率 du/dt_{cr} 的电压脉冲触发。如果出现这种电压脉冲，J_2 结的结电容被充电，如果斜率 du/dt 足够高，产生的位移电流也许就足以触发晶闸管，du/dt 触发也是一种误触发。对晶闸管的实际应用来说，要定义一个最大允许 du/dt_{cr}。

4）被光子能进入 J_2 结空间电荷区的光脉冲触发。如果到达的光子能量足够高，电子会由价带激发至导带，产生的电子空穴对立即被电场分离，电子流向阳极，空穴流向阴极，形成电流。由光激发产生的电流与门极加载电流效果是一样的。如果光的功率足够高，就可以满足触发条件。在多个晶闸管串联时，光触发是最佳的方式。例如，需要控制的总电压高达几百千伏的高压直流输电（HVDC）应用就是这样。通过光缆触发晶闸管有很大的优势，因为玻璃纤维是电绝缘的。

阴极发射极短路点从多方面决定着一个晶闸管的触发。为了激活 NPN 晶体管，发射极到相邻发射极短路点下面的电压 $U = R_{P\text{-base}} I_G$ 必须达到发射极与基极之间的 N^+P 结的内建电压 U_{bi}，其值在 300K 下为 0.7V。因为 U_{bi} 随温度的升高而降低，并且在高温下电阻 $R_{P\text{-base}}$ 会因空穴迁移率的下降而升高，这样在 125℃ 的高温下，触发条件就更容易得到满足。

发射极短路点降低了触发灵敏度，增加了触发电流，并增加了临界电压斜率 du/dt_{cr} 然而在 125℃ 下晶闸管对 du/dt_{cr} 非常敏感，另外发射极短路点还要保证在低温［室温或更低温（-40℃）］下阴极的触发电流不能太高。要对光触发晶闸管就这些问题做必要的折中非常困难，因为考虑到各种损耗（比如光缆损耗），要求光触发晶闸管的触发功率低，因而仍要保持足够大的 du/dt_{cr}。

2.4.5　晶闸管的关断与恢复

只有一些经过特殊设计的晶闸管可以通过门极关断，这就是后面要讨论的门极关断（GTO）晶闸管。考虑到交流（AC）电路中的应用，通常晶闸管利用阳极电流过零来关断。在正向导通情况下，自由载流子流入晶闸管的基区，类似于二极管正向导通处的内部等离子体，在换至反向处，就会出现由存储电荷导致的反向电流。这个过程类似于 PIN 二极管中的关断过程。在重新加载正向电压到晶闸管之前，存储电荷必须被减少到最少电荷量。电荷消除所需最小时间必须大于持续关断的时间间隔，以避免晶闸管的误触发，这个时间被称为恢复时间 t_q。在带电载流子等离子体几乎完全被从 N^- 区清除之前，晶闸管无法承受具有额定阻断电压或者额定最大 du/dt_{cr} 上升率的正向电压脉冲。

图 2-52 给出了恢复时间的定义。阳极电流的电流斜率 di_T/dt 由外部电路决定，与二极管中的情形相似。随着存储电荷的抽取，阳极电流会过零，并且反向电流会出现一个峰值。

在典型的晶闸管中，当电流关断时，首先 PN 结 J_3 处于载流子耗尽状态，然而这个结的阻断能力一般只有 $10 \sim 20V$，这是因为 P 基区的掺杂浓度在 $10^{17} cm^{-3}$，相对较高，除此以外这个结还有阴极短路。这样，反向电流一直增加，直到 J_1 结的载流子耗尽。此时晶闸管开始承受反向电压 U_R，随后，反向恢复电流达到最大值。

达到最大值之后，反向电流开始下降，并且形成电压峰值 U_{RM}，类似于二极管在关断期间的特性。和快速二极管比较而言，这个时期对晶闸管来说显得不是非常重要。其原因是晶闸管中的 N^- 区 W_B 很宽。在很多情况下，反向电流恢复很慢并能观察到拖尾电流，在此期

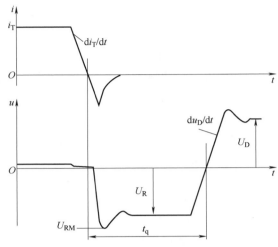

图 2-52　晶闸管的恢复时间 t_q 定义

间，带电载流子仍存在于靠近 J_2 结的区域。

在晶闸管处于反向阻断模式时，外加电压的极性改变。上升率为 du_D/dt 的电压 U_D 加载在正向上，如果 $t > t_q$（图 2-52），则晶闸管仍保持在阻断模式（正向阻断），而不会切换至导通模式，否则电路将无法控制。晶闸管必须能够承载所加的正向电压，因此只有在一定时间间隔后，才允许加正向电压 U_D。这个从电流 i_T 过零到外加正向电压 U_D 过零之间的最小时间间隔叫作关断时间 t_q。

晶闸管的恢复时间比一个二极管的切换时间要长得多。对反向没有外加电压 U_R 进行电荷抽取，并忽略 U_D 的情况下，可以估算恢复时间：

$$t_q \approx 10\tau \tag{2-47}$$

式中，τ 是 N 基区载流子寿命，然而 t_q 是在高工作温度下规定的时间，而 τ 通常是在室温下测得的。在现代晶闸管中，t_q 主要依赖于阳极短路。对外加反向电压的关断情况，式（2-47）仅仅被用来估算 t_q 的上限。如果外加一个反向电压，基区中只有已建立空间电荷区的部分地方的存储电荷才能被电场有效抽取。恢复时间 t_q 依赖于下列外加条件：

1）正向电流：t_q 随正向电流增加而增加。

2）温度：t_q 随温度增加而增加，因为 τ 随温度增加。

3）电压上升率 du/dt：在任何情况下，电压上升率必须小于临界电压上升率 du/dt_{cr}，du/dt 越逼近 du/dt_{cr}，能够被抽走的剩余电荷越少，t_q 越长。

对于 100A、1600V 的晶闸管，一般情况下通过中心门极触发，t_q 在 200μs 范围。对于一个大功率 8kV 晶闸管，t_q 在 550μs 范围。在大面积晶闸管中，出现在 t_q 之前的正向电压脉冲有可能在主阴极某处开通晶闸管，这是一种不受控制的开通方式，最坏情况还有可能导致晶闸管损坏。采用特殊结构后，可以把一个 t_q 保护功能模块集成到晶闸管中。

在晶闸管的应用中，反向恢复时间限制了晶闸管的最大频率范围，采用金扩散可以减小 t_q，同样采用高密度阴极短路点也可以减小 t_q。金扩散快速晶闸管的 t_q 可以降到 $10 \sim 20\mu s$。因为出现了具有关断功能的现代化功率器件，人们对快速晶闸管的兴趣也已经没有了，对

3kV 以上的高电压范围，快速晶闸管的研发从未成功过。

2.4.6 双向晶闸管

在双向晶闸管中（晶体管 AC 开关），两个晶闸管以反向并联的方式集成为一个晶闸管。双向晶闸管早就出现了，图 2-53 所示为其结构与表示符号。对一个双向晶闸管可以不用再区分阳极和阴极，因此，用"主端子 1"和"主端子 2"或 MT_1 和 MT_2 来表示比较方便。

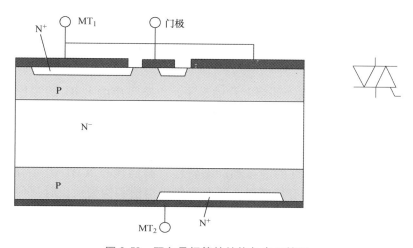

图 2-53 双向晶闸管的结构与表示符号

双向晶闸管可以通过公共门极在两个方向上触发，其 $I\text{-}U$ 特性曲线位于第一和第三象限，一个是导通特性，一个是阻断特性。在 AC 变流器中，双向晶闸管可以代替两个晶闸管，但是范围有限。

对于其应用，双向晶闸管的主要限制是在电流过零处双向晶闸管必须在反向关断其电压。然而在导通模式中器件充满自由载流子，如果换向时的 di/dt 太高，在电流过零后，仍然存在部分存储电荷。如果此时加载一个具有很高电压上升率 du/dt 的电压，就会出现误触发，器件将不会进入阻断模式，并且控制变流器的功能消失。

因此，一个双向晶闸管的允许电流上升率 di/dt 和电压上升率 du/dt 是非常有限的，di/dt 大约为 $10A/\mu s$，du/dt 在 $100V/\mu s$ 等级。这说明实际应用中双向晶闸管只能在小电流、中等电压条件下使用。实际上也就是在这样一些应用中使用。双向晶闸管应用的一个例子是用于控制中等功率加热装置的 AC 变流器。

如果要控制高于 50A 的电流，通常使用两个晶闸管反向并联的方式，而不是用双向晶闸管。

2.5 工程案例

电机在家电、传动、交通运输、新能源和工业机器人等行业有着非常广泛的应用。电机驱动着日常的工作和娱乐。低压变频器作为驱动电机的主要产品，因调速范围广、操作简单，能够实现节能、软起动、提效等功能，应用非常广泛，如电梯、风机、水泵、纺织、冶金等行业。

变频器在设计上不断推陈出新，为了提高功率密度并降低成本，工程师更是绞尽脑汁。IGBT 在变频器里属于关键器件，其选型和损耗直接关系散热器的大小，也直接影响着系统的性能、成本和尺寸。下面从变频器的应用特点出发，结合第七代 IGBT 的低饱和压降和最大运行结温等特点，介绍第七代 IGBT 如何助力变频器应用。

从硬件角度讲，低压通用变频器的特点主要有：①交-直-交：不可控整流+制动单元+三相逆变；②低开关频率：额定 4~6kHz，若提高开关频率会降低额定频率；③短时过载需求：150%过载/min。

针对通用变频器的这些应用特点，英飞凌公司推出了第七代 IGBT 模块。那么第七代 IGBT 模块对比目前市场主要使用的第四代 IGBT 模块，在变频器应用中的优势体现在哪里，是如何做到提高功率密度的？

目前 IGBT 芯片技术已经发展到第七代的水平，以英飞凌的 IGBT 的芯片技术为例，从最开始的 PT 技术，到 NPT 平面栅，再到沟槽栅，现在到了第七代，也就是微沟槽栅（简称 MPT）技术。第七代 IGBT 采用了基于 MPT 的 IGBT 结构。在 N^- 衬底的底部，通过 P^+ 掺杂实现了集电极区。在 N^- 衬底和 P^+ 之间，通过 N^+ 掺杂实现了场截止（FS）结构。它可以使电场急剧下降，同时会影响器件的静态和动态特性。第四代与 IGBT 相区别的是，第七代 IGBT 里的沟槽除了包含常见的有缘栅极，还有发射极沟槽和伪栅极，后两种沟槽是无效沟槽。这三种沟槽单元类型能够精细化定制 IGBT。通过增加有源栅极密度，能够增加单位芯片面积上的导电沟道。由于器件输出特性曲线更陡，可降低静态损耗。当然，带来的影响还有栅极-发射极电容（C_{GE}）的增加，代表着其开关参数也发生了变化。

第七代 IGBT 设计的初衷是针对电机驱动的应用。通过减少功率器件的总损耗和提高过载条件下的最高结温到 175℃来提高功率密度、减少系统尺寸，最终达到降低系统成本的目的。为什么第七代 IGBT 适合变频器应用呢？

1）变频器应用中，一般情况下，额定开关频率范围为 4~6kHz。在此工况下，总损耗中导通损耗占比最大。第七代 IGBT 通过降低饱和压降 $U_{CE(sat)}$ 来减少导通损耗。从而达到降低总损耗的目的。

2）第七代 IGBT 支持最高 175℃的运行结温，有效地满足了变频器过载的需求。

3）第七代 IGBT PIM（功率集成模块）集成有整流桥、制动单元和逆变桥，为变频器量身定做。

目前 5.5kW 变频器一般使用的是第四代 35A IGBT 模块，如英飞凌的 FP35R12W2T4，或类似电流等级和封装的其他模块。相比较而言，第七代 IGBT 可以从两个思路帮助变频器提高功率密度：其一，5.5kW 变频器将模块更换为第七代同封装 35A 的 IGBT 模块，可以直接将 5.5kW 的变频器功率提高到 7.5kW，并保持整机尺寸不变，从而提高整机功率密度，相当于将功率密度提高 40%~70%，如图 2-54 所示；其二，5.5kW 变频器将第四代 35A 的 Easy2B IGBT 模块更换为体积更小的第七代 25A 的 Easy1B 模块，可以直接将变频器的外形尺寸降低 25%~40%。

总之，英飞凌第七代 IGBT 通过降低 $U_{CE(sat)}$ 来降低逆变器总损耗和降低芯片结温，再加上可以做到最高 175℃的运行结温，这些给工程师带来了很大的设计裕量，从而助力变频器功率跳档。既可以通过减小变频器的尺寸，提高功率密度，降低成本；也可以保持原有变频器体积不变，增大输出电流，功率跳档，从而达到提高功率密度、降低成本的目标。

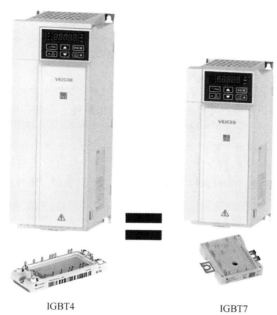

IGBT4   IGBT7

图 2-54　第七代 IGBT 助力变频器功率跳档

思 考 题

1. 画图说明 PN 结空间电荷区的形成。

2. 根据图 2-55 说明 MOSFET 基本结构和工作原理。

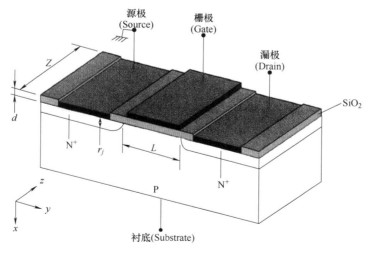

图 2-55　思考题 2 图

3. 对比分析说明 GTO 晶闸管、MOSFET、IGBT 各自的优缺点及应用领域。

参 考 文 献

[1] 孟庆巨，刘海波，孟庆辉. 半导体器件物理 [M]. 北京：科学出版社，2005.

[2] 刘恩科，朱秉升，罗晋生. 半导体物理学 [M]. 8 版. 北京：电子工业出版社，2023.

[3] 施敏，伍国珏. 半导体器件物理：第 3 版 [M]. 耿莉，张瑞智，译. 西安：西安交通大学出版社，2008.

[4] 关艳霞，刘斌，吴美乐，等. 功率半导体器件 [M]. 北京：机械工业出版社，2023.

[5] 卢茨，施兰格诺托，朔伊尔曼，等. 功率半导体器件：原理、特性和可靠性（原书第 2 版）[M]. 卞抗，杨莺，刘静，等译. 北京：机械工业出版社，2019.

[6] 林德. 功率半导体器件与应用 [M]. 肖曦，李虹，译. 北京：机械工业出版社，2016.

[7] 何希才，毛德柱. 新型半导体器件及其应用实例 [M]. 北京：电子工业出版社，2002.

[8] 本达，戈沃，格兰特. 功率半导体器件：理论及应用 [M]. 吴郁，张万荣，刘兴明，译. 北京：化学工业出版社，2005.

[9] BALIGA B J. 功率半导体器件基础 [M]. 韩郑生，陆江，宋李梅，等译. 北京：电子工业出版社，2013.

[10] 黄均鼐，汤庭鳌，胡光喜. 半导体器件原理 [M]. 上海：复旦大学出版社，2011.

第 3 章
光电转换材料与器件

以光电转换材料和光电器件为基础的光电产业是我国战略性新兴产业之一，它涵盖了发光、光伏发电、光学、信息显示等领域，具有广阔的市场前景。在光电材料方面，近年来发展较快的是有机发光材料和钙钛矿太阳能电池材料。有机发光材料具有光电转换效率高、发光效果好、制备成本低等优势，被广泛应用于平板显示、照明等领域。钙钛矿太阳能电池材料被认为是下一代太阳能电池的重要候选材料。在光电器件方面，发光二极管（LED）是光电产业的重要组成部分。LED 的光电转换效率逐步提升，成本逐渐降低，被广泛应用于照明、显示等领域。此外，光电传感器、光伏组件和光学元件等器件也在不断进行技术创新。我国的 LED 产业规模已经位居世界前列，光伏发电装机容量居全球第一。

光电转换器件的基础技术主要包括光发射、光探测和光调制。光发射是指将电能转换为光能的过程，典型的光发射器件有激光器和 LED。光探测是将光信号转换为电信号的过程，主要有光电二极管和光敏电阻。光调制则是通过控制光信号的光强、频率、相位等参数来实现信号的调制和处理，如光电调制器件和光纤通信技术等。

光电转换器件的发展呈现出新趋势。首先是器件的小型化和集成化，将不同的光电器件集成在同一芯片上，提高器件的性能和稳定性。其次是核心技术的突破，如新型光电材料、光学结构和光探测技术等，进一步提高光电器件的性能和应用范围。此外，还有新型的光电器件应用的开发，如光电显示技术、光电能源技术和光电传感技术等，有着巨大的发展潜力。

3.1 光电信息转换原理

在 1887 年，德国物理学家海因里希·赫兹发现，紫外线照射到金属电极上，可以触发电火花的产生。因光照导致物体发射电子，并引起物体电学特性的改变（电导率变化或产生电动势等）统称为光电效应。目前光电效应在凝聚态物理、固态和量子化学中得到广泛研究，用于推断原子、分子和固体的性质，同时在光检测、精确定时电子发射的电子等设备中得到广泛应用。

光电效应的实验结果与经典电磁学不同，经典电磁学预测连续光波将能量传递给电子，当积累足够的能量时就会发射。理论上，光强度的改变会改变发射电子的动能，而实验结果表明，只有当光超过一定频率时，电子才会被"驱逐"，这与光的强度或暴露的持续时间无关。因此，阿尔伯特·爱因斯坦（Albert Einstein）（图 3-1a）提出光束不是以波的形式在空间中传播，而是一群离散的能量粒子，即"光子"。典型金属发射电子需要几个电子伏特（eV）光子，例如短波长可见光或紫外光。光电效应的研究为理解光和电子的量子性质迈出了重要的一步，并影响了波粒二象性概念的形成。这一突破性的理论不仅解释了光电效应，还推动了量子力学的诞生。

 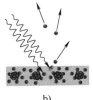

a)　　　　　b)

图 3-1　阿尔伯特·爱因斯坦
（1879—1955）和光电效应

光电效应通常可归纳为外光电效应（External Photoelectric Effect）和内光电效应（Internal Photoelectric Effect）两大类。

3.1.1　外光电效应

外光电效应是指在光的作用下，物质受到光照后逸出其表面形成光电流的现象，也可以称为"光电发射效应"，通常发生在金属上。光束里的光子所拥有的能量与光的频率成正比。假若金属里的电子吸收了一个光子的能量，而这能量大于或等于某个与金属相关的能量阈值（即功函数），则此电子因为拥有了足够的能量，会从金属中逃逸出来，成为光电子；若能量不足，则电子会释出能量，能量重新成为光子离开，电子能量恢复到吸收之前，无法逃逸离开金属，其原理图如图 3-1b 所示。增加光束的辐照度（光强度）会增加光束里光子的密度，在同一段时间内激发更多的电子，但不会使每一个受激发的电子因吸收更多的光子而获得更多的能量。即遵循一种非全有即全无的判据：光子的能量必须全部用于克服逸出功（W_0），否则将被释放；如果电子吸收的能量足以克服逸出功，且还有剩余能量，那么剩余能量将成为电子发射后的动能。简言之，光电子的能量与辐照度无关，只与光子的能量、频率有关。

W_0 与光照频率的关系可以表示为

$$W_0 = h\nu_0 \tag{3-1}$$

式中，h 为普朗克常量；ν_0 为光照极限频率。克服 W_0 后，光子的最大动能 E_m 可以表示为

$$E_m = h\nu - W_0 = h(\nu - \nu_0) \tag{3-2}$$

式中，ν 为光频率，$h\nu$ 为其光子包含且被电子吸收的能量。在实际过程中，E_m 为正值，所以仅当照射光频率大于或等于极限频率时，外光电效应才会发生。

外光电效应用于真空管光电探测器，特别是光电管和光电倍增管。也用于红外观察器、条纹相机、图像增强器（图像放大器）和图像转换器。此外，用超短激光脉冲照射的脉冲光电阴极也用于一些粒子加速器。

3.1.2　内光电效应

内光电效应指的是光照在物体上，使物体电导率发生变化，或产生光生电动势现象，通

常不会在材料外部产生可观察到的光电子，而仅将电子激发到更高的能级，因此通常只发生在半导体这一特殊场所中，如图 3-2 所示。内光电效应又包括光电导效应和光生伏特效应（也称光伏效应）。

　　光电导效应：在光照下，半导体材料中电子吸收光子能量从束缚状态向自由状态转变，从而引起材料电导率变化的现象。在光照下，半导体（以本征半导体为例）价带上的电子将被激发到导带上，材料中载流子浓度增加，电导率变大。其代表性器件为光敏电阻和光电二极管。

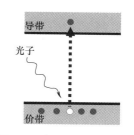

　　光伏效应：在光照下，非均匀半导体或半导体与其他材料结合的部位之间产生载流子偏移，并产生电势差的现象。典型的是半导体 PN 结处吸收光子后产生的电势差。代表性器件为太阳能电池。

图 3-2　内光电效应原理图

　　外、内光电效应有较大区别。从概念上来说，外光电效应是材料在光子激励下辐射出自由电子，并克服表面势垒后逸出向外发射电子，而内光电效应是通常发生在半导体内部，半导体在光子作用下少数载流子在 PN 结处发生定向偏移，产生电势差。前者电子可以离开材料，且截止波长的电子逸出速度与频率有关，与光强无关；后者有一定光吸收谱要求，并与光强有关。

3.2　外光电效应器件：光电倍增管

　　光电倍增管（Photomultiplier Tube，PMT）是一种高度灵敏的光电探测器，具有极高的灵敏度、快速的响应速度、宽波长范围的响应（从紫外线到近红外线）、良好的线性度以及较低的噪声水平。由于其出色的性能特点，PMT 被广泛用于粒子物理实验、天文观测、核医学、分光光度学、荧光光谱学、生物医学成像等领域。

　　PMT 运行原理建立在外光电效应和电子倍增过程的基础上，具有信噪比高、频率响应高和信号接收区宽等独特优势，能够将光信号转换为电信号并进行放大，实现对光信号极其敏感的探测，是一类具有超高灵敏度和超快响应时间的真空光敏器件。根据倍增方式，常见的 PMT 通常分为打拿极（Dynode）型、微通道板（MCP）型和硅（Si）基型 3 种。其中打拿极型和微通道板型 PMT 为真空器件，硅基型 PMT 为固体器件。真空器件具有较大的暗电流和信号响应速率，但探测效率低；而固体器件具有探测效率高、结构紧凑、体积小和成本低等优势，但探测噪声过大，通常在低温条件下才能实现较理想的探测灵敏度。

3.2.1　打拿极型 PMT

　　如图 3-3a 所示，打拿极型 PMT 由入射窗口、光电发射阴极（光阴极）、聚焦电极、电子倍增器（打拿极）和真空管中的电子收集器（阳极）等组成。入射光信号到电信号的转变过程如下：①当光线进入光阴极时，利用外光电效应，光阴极会将光电子激发到真空中，实现光-电信息转换；②这些光电子被聚焦电极的电压引导到电子倍增器，其中通过二次发射过程将电子倍增；③在电场作用下，光电子通过一系列倍增阶段，每个光电子将引发大量次级电子的释放，形成电子雪崩效应，从而大幅增加了电荷量；④倍增后的电子被阳极收集，产生一个相应的电流信号输出，最后通过引脚输出到外围系统电路。打拿极型 PMT 通常具有侧向或正向配置的光阴极，即分为端窗型（Head-on）和侧面式（Side-on）两种。

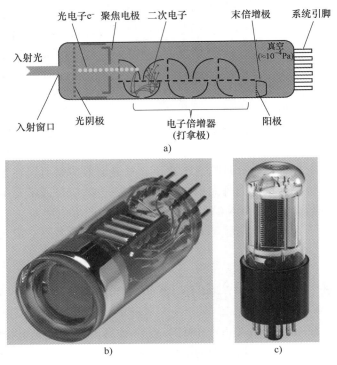

图 3-3　打拿极型 PMT 结构及其实物图

端窗型也称为顶窗型，通过玻璃灯泡的末端接收入射光，它具有半透明的光阴极（透射模式光阴极），沉积在入口窗口的内表面上。端窗型比具有反射模式光阴极的侧面式 PMT 能够提供更好的空间均匀性。此外，端窗型还具有可选择的光敏感区域，从几十平方毫米到几百平方厘米不等。为了满足高能物理实验中对良好角度光接受性的重要性，还开发了具有大直径半球形窗口的端窗型变种 PMT。

相应地，侧面式（也称侧窗型）PMT 通过玻璃灯泡侧面接收入射光。侧窗型 PMT 价格相对较低（约 100 元/个），且广泛应用于分光光度计、旋光仪和一般光度测定系统。大部分侧窗型 PMT 使用不透明光阴极（反射式光阴极）和环形聚焦型电子倍增器结构，这种结构能够使其在较低的工作电压下具有较高的放大倍数和灵敏度。图 3-3b、c 分别展示了日本滨松光子学株式会社（Hamamatsu Photonics）生产的端窗型和侧面式打拿极型 PMT 实物图。

1. 光阴极面结构及其组成材料

按光电子发射过程来区分，光阴极面可分为反射式和透射式两大类。反射式（Reflection）光阴极面通常是在金属板上形成光阴极面，光电子沿着入射光反方向发射。透射式（Transmission）光阴极面通常是在透明光学平板上蒸镀一层透明的光学薄膜，光电子沿着与入射光相同方向进行发射，如图 3-4 所示。前者主要用在侧窗管，后者则被用在从圆筒管壳一端入射的端窗管上。

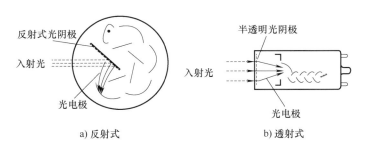

a) 反射式　　　　　　　b) 透射式

图 3-4　光阴极模型

在实际应用中，大多数光阴极由低功函数的碱金属半导体化合物制成，有数十种常用光阴极材料，均包含透射式（半透明）和反射式（不透明）两类，从而构建出不同的器件特性。20 世纪 40 年代初，联合电子器件工程委员会（Joint Electron Devices Engineering Council，JEDEC）引入了"S 编码"来指定光阴极光谱响应，该光谱响应通过光阴极和窗口材料的组合来分类。目前，由于有许多光阴极和窗口材料可供选择，"S 编号"除了 S-1 之外已不再频繁使用。光阴极光谱响应现在是以材料类型来表达的，PMT 中常用的光阴极材料如下：

（1）Cs-I　由于 Cs-I 光阴极面对太阳光不灵敏，所以被称为"日盲"型材料。波长在大于 200nm 时，灵敏度急剧下降，是真空紫外区专用材料。入射窗为 MgF_2 或合成石英时，波长范围是 115~200nm。Cs-I 光阴极面即使在 115nm 的短波处也有高的灵敏度。但用于输入窗口的 MgF_2 晶体不会透射小于 115nm 波长的光，因此通常使用镀有 Cs-I 的第一倍增极的电子倍增器，并将输入窗口移除（开放型 PMT）。

（2）Cs-Te　对于 300nm 以上的波长，Cs-Te 材料的光阴极灵敏度急剧下降，同样被称为"日盲"型材料，通常作为对可见光灵敏度特别低的 PMT 光阴极材料。这种光阴极面的透射式和反射式的波长范围没有什么差别，但反射式比透射式灵敏度要高 2 倍。一般入射窗材料使用合成石英或 MgF_2。

（3）Sb-Cs　该型材料制作的光阴极从紫外线到可见光范围都具有可观的灵敏度，因此得到广泛使用。Sb-Cs 光阴极的电阻低于后文描述的双碱金属光阴极，所以在测试强入射光场景时有较大电流流过阴极，不会因低温而引起光阴极电阻问题，主要用于反射式光阴极面。

（4）双碱金属型（Sb-Rb-Cs、Sb-K-Cs）　由于使用了两种碱金属材料，该光阴极被称为"双碱金属"。透射式光阴极具有与 Sb-Cs 光阴极相似的光谱特性，具有更高的灵敏度和更低的暗电流。它还具有与 NaI（Tl）闪烁体发射相匹配的灵敏度，因此被广泛用于辐射测量中的闪烁计数。另一方面，反射式双碱金属光阴极采用相同的材料，但制作工艺不同，因此它们在长波方向具有更强的灵敏度，实现了从紫外线到 700nm 的光谱响应。

（5）高温、低噪声双碱金属型（Sb-Na-K）　与上述双碱金属光阴极类似，这种光阴极也使用了两种碱金属材料。这种光阴极可承受高达 175℃ 的工作温度，而其他普通的光阴极工作温度在 50℃ 以下。因此，基于 Sb-Na-K 的光阴极通常应用于石油勘探等高温环境中。此外，在室温环境下时，这种光阴极表现出极低的暗电流，有利于对微弱光信号的探测，因此也被用于光子计数和低噪声要求较高的测量。

（6）多碱金属型（Sb-Na-K-Cs）　该材料通常由三种以上的碱金属组成，并在较宽的光谱响应范围［从紫外线到近红外线（约850nm）］内具有较高的灵敏度，因此被广泛应用于宽带光谱仪中。近期，相关企业还开发出光谱范围延伸至900nm的延伸版PMT，适用于检测NO_x等气相化学发光探测器。

（7）Ag-O-Cs　透射式结构中，对可见光到近红外区的光谱（300~1200nm）响应较为灵敏，与反射式结构的光谱响应范围几乎相同（300~1100nm）。和其他材料相比，Ag-O-Cs光阴极面的可见光范围的灵敏度较低，因此通常用于红外探测。

（8）GaAsP（Cs）　用Cs激活的GaAsP（Cs）晶体主要用于透射式光阴极面。这种光阴极面在紫外光谱范围灵敏度较低，而在可见光谱范围内具有非常高的量子效率。和其他光阴极面相比，对于强入射光容易引起灵敏度恶化。

（9）GaAs（Cs）　用Cs激活的GaAs晶体的反射式结构的灵敏度光谱范围很宽（紫外~900nm），且在300~850nm范围有高的灵敏度，具有几乎平坦的光谱特性。与其他碱金属光阴极面相比，这种结构在强入射光下灵敏度会恶化。

（10）InGaAs（Cs）　相对于GaAs（Cs）材料，InGaAs（Cs）的光阴极面在灵敏度上向红外方向延伸，而且900~1000nm附近的量子效率比Ag-O-Cs好得多。

（11）InP/InGaAsP（Cs）和InP/InGaAs（Cs）　电场辅助型光阴极面（Field-assisted Photocathode）使用了PN结，这种PN结是在InP衬底上生长InP/InGaAsP或InP/InGaAs等结构。电场辅助型光阴极面在研发中采用了半导体微细加工技术。在光阴极面上加偏置电压，降低导带壁垒，使得这种结构在1.4~1.7μm的波长范围内具有高灵敏度，目前为止，PMT还无法实现如此大范围的波长探测。但是，由于在常温下暗电流较大，该材料的光阴极面工作时必须冷却到-60~-80℃。

PMT中的光阴极可以选择不同的材料和工艺，以应对不同光谱成分的辐射源进行探测。被测辐射信号既可以是可见光，也可以是借助闪烁体转换而来的X射线、γ射线以及其他高能粒子等。目前，PMT阴极大多采用双碱光电阴极（Sb-K-Cs），基底层为K_2CsSb，表面层为交替蒸镀Sb、Cs形成的Sb-Cs偶极层，可降低阴极表面亲和能。

2. 光窗材料

光窗材料决定了PMT的短波截止波长，不同的光窗材料决定了不同的透射光波长，因此需根据实际应用需求选用适合的光窗材料。如前所述，大多数光阴极面在紫外线光谱范围具有很高的灵敏度。但由于紫外辐射往往会被窗口材料吸收，因此短波区的下限通常由光窗材料的紫外透射率确定。PMT中常用的窗口材料如下：

（1）MgF_2晶体　碱金属卤化物晶体在透射紫外辐射方面具有优异表现，但有吸湿的缺点。镁氟化物（MgF_2）晶体具有极低的吸湿性，并且能够允许115nm的真空紫外辐射透过，是一种实用的光窗材料。

（2）蓝宝石　蓝宝石主要成分为Al_2O_3晶体，在紫外光谱范围的透过率介于透紫外玻璃（透紫玻璃）和合成石英之间。蓝宝石玻璃的透过光谱截止波长约150nm，略短于合成石英的截止波长。

（3）合成石英　合成石英可以允许160nm的紫外辐射透过，且较熔融石英在紫外光谱范围具有更低的吸收水平。由于石英的热膨胀系数与芯柱材料——可伐铁钴镍合金的热膨胀系数差异很大，因此合成石英不适合用作灯泡的引线。所以在和芯柱部分的硼硅玻璃之间要加入几种热膨胀系数逐渐变化的玻璃作为"过渡"，如图 3-5 所示。因此，过渡区域的强度非常脆弱。此外，石英容易被氦气渗透，并导致噪声增加，需避免在氦气环境中运行或放置。

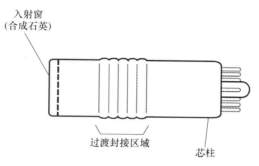

图 3-5　具有过渡封接结构的 PMT

（4）透紫玻璃（透紫外玻璃）　顾名思义，这种玻璃透射紫外辐射良好，其紫外光谱范围的截止波长低至 185nm。

（5）硼硅酸盐玻璃　这种玻璃是最常用的窗口材料。由于硼硅酸盐玻璃的热膨胀系数与可伐铁钴镍合金（光电倍增管引线材料）的热膨胀系数非常接近，因此被称为"可伐玻璃"。光谱低于 300nm 的紫外辐射无法透过硼硅酸盐玻璃，因此不适合用于紫外光检测。此外，双碱金属光阴极面端窗型 PMT 采用特殊的硼硅酸盐玻璃（称为"无钾玻璃"），其中仅含极少量的钾（K 在 PMT 中是一种背景噪声源）。无钾玻璃主要用于需要低背景计数的闪烁计数设计 PMT。

图 3-6a、b 分别给出了几种光窗材料的光谱透射率和截止波长。

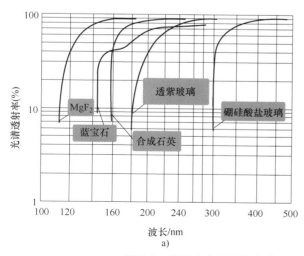

光窗材料	截止波长
钠钙玻璃	310nm
硼硅酸盐玻璃	300nm
透紫玻璃	190nm
石英玻璃	170nm
白宝石	145nm
蓝宝石	150nm
MgF$_2$	115nm

a)　　　　　　　　　　　　　　　　　b)

图 3-6　几种光窗材料的光谱透射率和截止波长

3. 电子倍增极

电子倍增极系统是 PMT 的核心部分，具有二次电子发射功能，其性能直接影响着整个光电倍增管的灵敏度和性能。当光子击中光阴极时，产生的光电子被加速并连续碰撞到电子倍增器的各级倍增极上，从而产生二次电子发射。这些二次电子又会被下一级倍增极吸收并发生更多的电子发射，如此循环，最终实现了对光信号的放大效应。典型的电子倍增器由多级电极组成，PMT 根据应用对增益及时间特性的不同要求，一般设有 8~14 级的倍增极，不同的二次电子发射系数和倍增极级数会产生不同的放大倍数，不同倍增极结构决定了 PMT 的增益、时间特性、均匀性等性能。

打拿极型 PMT 增益一般在 $10^5 \sim 10^7$ 之间，可通过改变倍增极数量及外加电压等方式调节其增益及时间特性。根据电子倍增系统结构的不同，打拿极型 PMT 的电子倍增极通常可分为盒栅型、环形聚焦型、直线聚焦型、百叶窗型、细网型、金属通道型以及穿透式倍增型 PMT 等，其基本结构如图 3-7、图 3-8 所示。目前，电子倍增器的设计和制造技术不断发展，以提高其放大效率、降低噪声水平和提高稳定性。同时，针对不同应用场景，也出现了多种不同类型的电子倍增器，例如螺旋型、线性型等，以满足不同需求的应用。

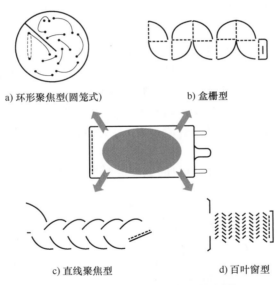

a) 环形聚焦型(圆笼式)　　　　　　b) 盒栅型

c) 直线聚焦型　　　　　　d) 百叶窗型

图 3-7　打拿极型 PMT 电子倍增极结构 1

（1）环形聚焦型（圆笼式）　因形状小，这种结构有体积小、结构紧凑和响应时间快等优点，通常被用于侧面式和部分端窗型 PMT 中。

（2）盒栅型　用于端窗型 PMT，具有光电子的收集效率高、均匀性好的特点。

（3）直线聚焦型　和盒栅型一样用于端窗型 PMT，具有响应时间快、时间分辨率高和脉冲均匀性好等特点。

（4）百叶窗型　百叶窗型倍增极具有较大的倍增极面积，通常被具有大面积光阴极的 PMT 采用。它能提供更好的均匀性、更优的抗磁场干扰和更大的脉冲输出电流。通常，对时间响应要求不高时采用这种结构。

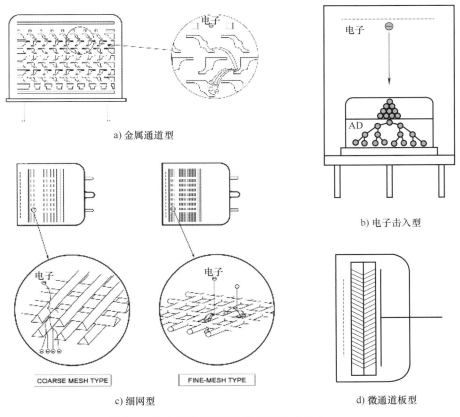

a) 金属通道型

b) 电子击入型

c) 细网型

d) 微通道板型

图 3-8　打拿极型 PMT 电子倍增极结构 2

（5）细网型　细网型倍增极采用了细网格电极堆叠的结构，电极之间距离很近。这种类型的倍增极对磁场具有很高的抗干扰能力，同时具有良好的均匀性和高脉冲线性度。此外，由于均匀性好、倍增极间距离很短，因此可以缩短整个管子长度，又是平行电场；当与交叉导线阳极或多个阳极配合使用时，还具有位置敏感功能。

（6）微通道板型（Microchannel Plate，MCP）　微通道板是由数百万个微玻璃管（通道）平行熔合在一起形成的薄片，因使用了 1mm 以下的微通道板，所以具有很好的时间响应特性。每个通道都能充当独立的电子倍增器，还具有良好的抗磁场能力，采用与细网型电极类似的阳极后具有二维探测功能。

（7）金属通道型　金属通道型倍增极采用独特的微加工技术制造，具有紧凑的倍增极结构。由于其各级倍增极之间的间距比其他类型的传统倍增极结构更窄，因此能够实现较高速度的响应。它也适用于位置敏感测量。

（8）电子击入型　在这种类型的电子倍增极中，光电子被高电压加速并撞击半导体，使得光电子能量转移至半导体并获得增益。该结构具有简单、噪声系数小、均匀性和线性好等特点。

3.2.2 微通道板型 PMT

随着微通道板的出现，丰富了 PMT 可实现的功能。MCP-PMT 与打拿极 PMT 的最大区别是，采用 MCP 倍增系统替代传统的离散打拿极倍增系统，能够实现从皮秒级的宽带测量到光子计数级别的低光水平检测。MCP-PMT 主要由管壳、光电阴极、MCP 倍增系统以及阳极组成。其中，MCP 是由上百万个直径为 $6 \sim 20 \mu m$ 的微通道组成的板状结构，每个单通道内表面覆盖有二次电子发射材料，可视为一个独立的二次电子倍增器。MCP 的厚度通常仅有 $0.3 \sim 1 mm$，因此 MCP-PMT 相比于打拿极 PMT，结构更为紧凑。

图 3-9a 所示为微通道板（MCP）的结构示意图。MCP 由大量玻璃毛细管（微通道）的二维阵列并行捆绑，并组成薄圆盘的形状。每个通道的内径为 $6 \sim 20 \mu m$，内壁经过处理，具有适当的电阻和二次发射特性。因此，每个通道都充当独立的电子倍增器。图 3-9b 所示为微通道板的倍增原理。当初级电子撞击通道内壁时，会产生二次电子。这些二次电子受到施加在 MCP 两端电压 U_D 产生的电场的加速作用，再次轰击通道壁，继而产生更多的二次电子。这个过程沿着通道重复多次，最终从阳极获得放大的电信号。

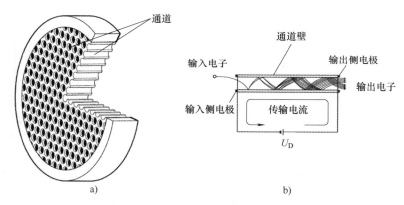

图 3-9 MCP 结构示意图及倍增原理

基于 MCP 的材料、结构和工作原理，它与传统的离散倍增极有很大的区别，具有以下特点：体积小、结构紧凑、增益高，快速的时间响应特性，具有高空间分辨率的二维检测能力，高磁场环境下的运行稳定性，对带电粒子、紫外线、X 射线、γ 射线和中子响应度高，功耗低。

利用 MCP 的独特优势制作了各种类型的探测器，例如用于低光水平成像的图像增强器、集成了 MCP 的快速时间响应 PMT（MCP-PMT）、位置敏感的多阳极 PMT、用于超快速光度测量的条纹管，以及用于超低光水平成像的光子计数成像管等。

图 3-10a 所示为典型 MCP-PMT 的横截面结构细节。该 MCP-PMT 由 MCP 入口、光阴极、MCP 和光阳极组成。从光阴极发射出的光电子进入 MCP 的通道，撞击内壁，并通过次级发射进行增幅。这个过程沿着通道重复进行，最终大量电子被光阳极收集作为输出信号。光阴极到 MCP 的距离约为 2mm，形成近贴型结构。为了防止在 MCP 内部产生的

离子返回光阴极，通常在 MCP 的光电子输入端加入离子栅薄膜，形成一层"离子屏障"。将两个 MCP 堆叠在一起可以获得更大增益。图 3-10b 为滨松光子学株式会社生产的 MCP-PMT 实物图。

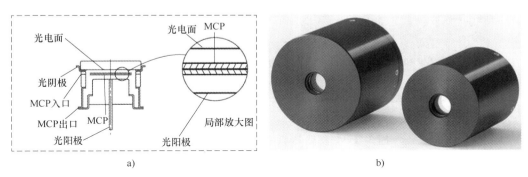

图 3-10　MCP-PMT 的横截面结构细节和实物图

3.2.3　硅基型 PMT

硅基型 PMT（Silicon Photomultiplier Tube，Si-PMT），也称多像素光子计数器（Multi-Pixel Photon Counter，MPPC）。不同厂家的产品名称各异，主要有硅光电子倍增器（Silicon Photo Multiplier，Si-PM）、硅光电子倍增管（Silicon Photo Multiplier Tube，Si-PMT）、固态光电子倍增器（Solid State Photo Multiplier，SSPM）、盖革模式雪崩光电二极管（Geiger Mode Avalanche Photo-Diodes，GMAPD）和单光子雪崩二极管阵列（Single Photon Avalanche Diode Array，SPADA）等。

在结构与电子倍增原理上，Si-PMT 与打拿极 PMT 以及 MCP-PMT 具有本质区别。打拿极 PMT 与 MCP-PMT 均属于真空型光电器件，同时增益来自于倍增系统的二次电子发射效应；而 Si-PMT 则属于半导体型光电器件，由成百上千个尺寸为 $10\sim100\mu m$ 的自猝灭硅微像素阵列在基底上集成的一种多像素半导体固体探测器，如图 3-11a 所示，每个微像素由入射光子独立触发，输出信号是所有微像素输出信号的总和，每个微像素通过其自身串联的猝灭电阻被动复位。

在 Si-PMT 中，每个微像素相当于一个工作于盖革模式下的雪崩光电二极管（Avalanche Photo-Diode，APD），可作为独立的光子微计数器运行。APD 是一种利用高反向偏压下二极管耗尽层中产生载流子的雪崩倍增效应来获得光电流增益的 PN 结型光电探测器，工作原理如图 3-11b 所示。

APD 是一种具有高速度、高灵敏度的光电二极管，当加有一定的反向偏压后，它就能够对光电流进行雪崩放大。而当 APD 的反向偏压被设定为高于击穿电压时，内部电场更强，光电流则会获得 $10^5\sim10^6$ 的增益，该工作模式即为 APD 的"盖革模式（Geiger Mode）"。

在盖革模式下，光生载流子通过倍增就会产生一个大的光脉冲，而通过对这个脉冲的检测，就可以检测到单光子。将盖革模式下的 APD 连接一个猝灭电阻作为 1 个像素，就构成

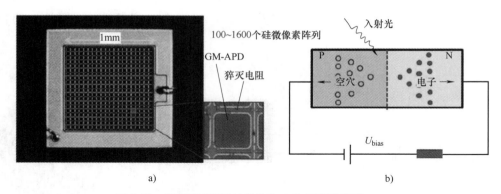

图 3-11　硅基型 PMT 的结构和工作原理示意图

了 Si-PMT 的基本单元，而它输出的总和也构成了 Si-PMT 的输出，可根据该输出进行光子计数或者信号强度的测量。当给 PN 结加上较高的反向偏压时，入射光产生的非平衡载流子在耗尽层内强电场的作用下，与晶格原子碰撞产生电子-空穴对，并分别向相反方向运动，在强电场作用下获得足够高的动能，再次与晶格原子碰撞产生新的电子-空穴对，并发生连锁反应，形成载流子雪崩式倍增。

Si-PMT 由多个工作在盖革模式下的 APD 组成，虽然本质上是一个光半导体，但它具有优良的光子计数能力，适用于监测在光子计数水平下极弱光的场合，具备着低电压工作、高光子探测效率、快速响应以及优良的时间分辨率和宽光谱响应范围等特点，并可在抗磁场干扰、耐机械冲击中发挥出固态器件的优势。与打拿极 PMT 相比，具有工作电压低、体积小、成本低、重量轻、结构紧凑、探测效率高以及良好的抗磁场干扰能力等优势，可实现从近紫外到近红外范围内的辐射信号探测。

3.3　光电导效应器件：光敏电阻

3.3.1　光电二极管

通常内光电效应发生在 PN 结处。通常，P 型材料的多数载流子为空穴，N 型材料为电子。当把二者制作成 PN 结时，在其界面处两种载流子浓度差很大，因此 P 型材料中的空穴必然向 N 型材料中扩散（同理 N 型材料中的电子也会向 P 型材料中扩散），这种由于浓度差而产生的运动称为**扩散运动**。扩散到 P 区的电子将与空穴复合（扩散到 N 区的空穴与电子复合），因此在 PN 结附近区域两种材料中的多子浓度均下降，形成空间电荷区（即耗尽层），并产生内建电场。在空间电荷区内建电场的作用下，各区少子发生**漂移运动**。当参与扩散运动的多子和参与漂移运动的少子达到动态平衡后，在 PN 结两端添加反向外电场电压（即 N 区电势高于 P 区），PN 结发生反向偏置，外电场使空间电荷区变宽，内建电场增强。因此漂移运动得到增强，扩散运动被抑制，形成反向电流（即漂移电流），其原理如图 3-12a 所示。

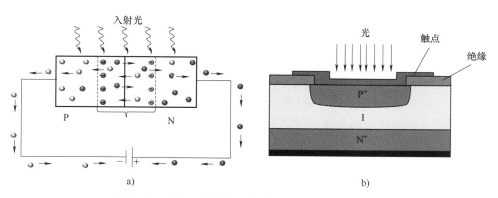

图 3-12　光电二极管的工作原理和结构示意图

　　基于内光电效应的光电二极管通常工作在这种反向偏置的状态下。在标准的 PN 结中，受光面积较小，因此使用 PIN 型结构来增加受光面积，即 P 型-本征半导体-N 型结构（P-type/Intrinsic/N-type），图 3-12b 所示为一种 PIN 型光电二极管的结构示意图。由前所述，电子从 N 区扩散至 P 区（空穴从 P 区扩散到 N 区），形成耗尽层和内建电场。无光照时，反向电流很小（称为暗电流）；有光照时，携带能量的光子将能量传递给 PN 结处相应原子之间的束缚电子，如果光子具有足够的能量，可以使部分电子挣脱共价键，从而产生电子-空穴对，即光生载流子。它们在 PN 结内建电场的作用下参与漂移运动，空穴向阳极移动，电子向阴极移动，这些移动的载流子在光电二极管中形成电流，即光电流，使反向电流显著增强。此时，通过二极管的电流是暗电流和光电流的总和，因此降低暗电流是提升器件灵敏度的关键。

　　当光照射到光电二极管时，半导体材料吸收光子的能量，若光子能量大于或等于半导体材料的禁带宽度，使非传导态电子变为传导态电子，即激发出电子-空穴对，使载流子浓度增加，使得半导体材料电导率增加，这种现象称为"光电导效应"，光敏电阻（Photoresistor）就是基于这种效应的光电器件。处于光电导模式时，有一个外加的偏压，这是光电二极管的工作基础。电路中测得的电流代表器件接受的光照强度，测量的输出电流与输入光功率成正比。外加偏压使得耗尽区的宽度增大，响应度增大，结电容变小，响应度趋向直线。工作在这些条件下容易产生很大的暗电流，但可以选择光电二极管的材料以限制其大小。

　　类似地，当光照在光电二极管时，产生的光生载流子在 P 区和 N 区累积，使得 P 区电势升高，N 区电势降低，在 P、N 两端形成一个电势差，即光生电动势，在 P、N 区之间接入负载，即可在回路中获得光电流。这就是 PN 结的"光生伏特效应（光伏效应）"，太阳能电池（Solar Cell）就是基于该效应的光电器件。光伏模式下，光电二极管是零偏置的。器件的电流流动被限制，形成一个电压。当工作在光伏模式时，暗电流最小。

　　光电二极管可由多种材料制成，包括但不限于硅、锗和砷化铟镓等。接下来将分别介绍基于光电导效应的光敏电阻器件和基于光伏效应的太阳能电池器件。

3.3.2 光敏电阻

光敏电阻是采用半导体材料制作，利用内光电效应工作的光电元件。它在光线的作用下其阻值往往变小，这种现象称为光电导效应，因此，光敏电阻又称光导管。用于制造光敏电阻的材料主要是金属的硫化物、硒化物和碲化物等半导体。通常采用涂覆、喷涂、烧结等方法在绝缘衬底上制作很薄的光敏电阻体及梳状欧姆电极，然后接出引线，封装在具有透光镜的密封壳体内，以免受潮影响其灵敏度。光敏电阻的原理结构如图 3-13 所示。在黑暗环境里，它的电阻值很高，当受到光照时，只要光子能量大于半导体材料的禁带宽度，则价带中的电子吸收一个光子的能量后可跃迁到导带，并在价带中产生一个带正电荷的空穴，这种由光照产生的电子-空穴对增加了半导体材料中载流子的数目，使其电阻率变小，从而造成光敏电阻阻值下降。光照越强，阻值越低。入射光消失后，由光子激发产生的电子-空穴对将逐渐复合，光敏电阻的阻值也就逐渐恢复原值。

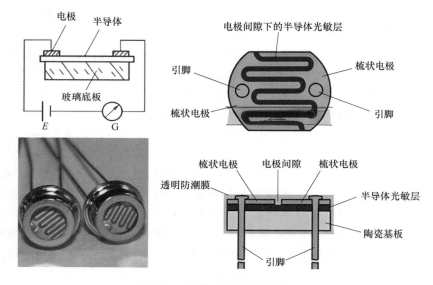

图 3-13　光敏电阻的原理结构

1. 基本结构

光敏元件内部结构复杂，常见的是基于半导体材料的结构。它通常由两个电极夹持的半导体薄膜组成，其中至少一个电极是透明的，以便光线能够穿过并照射到半导体薄膜上。

半导体薄膜的厚度通常在几微米到数十微米之间，这取决于所需的灵敏度和响应时间。较薄的薄膜可以提高响应速度，但可能会降低灵敏度，而较厚的薄膜则具有更高的灵敏度但响应速度较慢。

光敏元件的特性包括光电导增益（即光照下的电阻变化率）、响应时间、线性度和光谱响应范围等。这些特性直接影响了光敏电阻的性能和应用范围。

支撑结构的材料和设计：支撑结构的选择取决于光敏电阻的应用场景和要求。对于需要高温、耐腐蚀或特殊环境下工作的光敏电阻，通常选择陶瓷基板或金属载体作为支撑结构。

而在一般工业和消费电子产品中，常见的支撑结构是基于玻璃或塑料基板的。连接引线的设计和布局：连接引线的设计需要考虑到光敏电阻与外部电路之间的连接方式和电性能要求。通常采用焊接、压接或插针等方式进行连接，以确保连接的可靠性和稳定性。

综上所述，光敏电阻的基本结构包括光敏元件、支撑结构和连接引线，其中光敏元件是核心部分，支撑结构和连接引线则起着固定和连接作用。

2. 组成材料

光敏电阻的各部分组成材料对其性能和功能起着至关重要的作用。以下是光敏电阻常用的各部分组成材料：

1) 光敏元件材料：光敏元件的核心部分通常由半导体材料构成，其中常用的光敏材料包括：

① 硒化铋（Bi_2Se_3）：具有灵敏度高、响应速度快等特点，适用于低光照条件下的应用。

② 硒化镉（CdSe）：具有良好的光电导特性和光谱响应范围，适用于中等光照条件下的应用。

③ 硒化铝（Al_2Se_3）：具有较高的光敏度和稳定性，适用于高光照条件下的应用。

这些光敏材料在光照条件下会发生电子激发和载流子产生，从而导致电阻发生变化，实现光敏电阻的功能。

2) 支撑结构材料：支撑结构用于支撑和保护光敏元件，常用的支撑结构材料包括：

① 玻璃：具有良好的光学透过性和机械强度，适用于一般光敏电阻的制备。

② 陶瓷：具有较高的耐热性和耐腐蚀性，适用于高温或特殊环境下的光敏电阻。

③ 塑料：具有轻质、易加工等优点，适用于轻型或低成本的光敏电阻。

3) 连接引线材料：连接引线用于将光敏电阻连接到外部电路，常用的连接引线材料包括：

① 金属导线（如铜、铝等）：具有良好的导电性和机械强度，适用于大部分光敏电阻的连接。

② 焊接引线：通常采用焊锡或焊银等焊接材料，用于连接电阻和电路板。

③ 插针引线：用于插接式连接，适用于需要频繁更换或调试的场合。

综上所述，光敏电阻的各部分组成材料选择应根据具体的应用需求和环境条件进行合理搭配，以确保光敏电阻的性能和可靠性。

3. 主要参数

1) 暗电阻、亮电阻：光敏电阻未受光照时的阻值称为暗电阻，受强光照射时的阻值称为亮电阻。若暗电阻越大而亮电阻越小，则灵敏度越高。

2) 光敏电阻的伏安特性：在一定光照下，所加的电压越高，电流越大；在一定的电压作用下，入射光的照度越强，电流越大，但并不一定是线性关系。

3) 光敏电阻的光谱特性：对于不同波长的光，光敏电阻的灵敏度是不同的。在选用光电器件时必须充分考虑这种特性。

4) 光敏电阻的响应时间和（调制）频率特性：光电器件的响应时间反映它的动态特性。响应时间越短，表示动态特性越好。对于采用调制光的光电器件，调制频率的上限受响应时间的限制。光敏电阻的响应时间一般为 $10^{-3} \sim 10^{-1}$s，光敏二极管的响应时间约为 2×10^{-5}s。

5）光敏电阻的温度特性：随着温度的升高，光敏电阻的暗电阻和灵敏度都要下降，温度的变化也会影响光谱特性曲线。硫化铅光敏电阻等光电器件随着温度的升高，光谱响应的峰值将向短波方向移动，所以红外探测器往往采取制冷措施。

3.4 光伏效应器件：太阳能电池

3.4.1 太阳能电池的原理与结构

太阳能电池原理和材料

光生伏特效应是指半导体器件在光照下产生电压或电流的现象，其基本原理可通过光电导效应解释。PN 结是太阳能电池中常见的结构，其形成机理涉及半导体的空穴和电子在 PN 结中的移动，如前文所述。当太阳光照射到 PN 结时，光生电子被内建电场推向 N 型区，而空穴被推向 P 型区，从而形成了电流。PN 结的示意图和光伏电池的工作原理如图 3-14 所示。

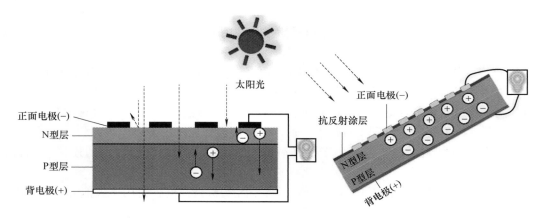

图 3-14 太阳能电池结构和工作原理示意图

然而，由于半导体本身不是良好的电导体，电子在通过 PN 结时会遇到较大的电阻和损耗。为了增加光吸收面积，通常在 PN 结上覆盖金属网格，以提高入射光的接收效率。此外，硅表面反射的大量太阳光也会降低电池的效率，为了解决这一问题，科学家使用了反射系数极小的保护膜，通常采用化学气相沉积技术沉积一层厚约 100nm 的氮化硅膜，将反射损失降至 5% 以下。

光生的电子-空穴对通过内建电场分离后，在足够接近电场的位置，或者在电场的影响范围内，电子被推向 N 侧，而空穴被推向 P 侧。这进一步破坏了电中性，并通过外部电流通路，使电子流向其原始侧（P 侧），在与电场发送的空穴结合的过程中产生功率。因此，电子的流动提供了电流，而电池的内建电场产生了电压，其乘积即为功率。

除了单晶硅外，太阳能电池还采用多晶硅和非晶硅等材料，以降低成本。另外，砷化镓、碲化镉和铜铟镓硒（CIGS）等材料也被广泛应用于太阳能电池制造中，利用其不同的带隙特性来对不同波长或能量的光子进行"调谐"，以提高太阳能电池的效率。表 3-1 对比了几种太阳能电池的性能。如果采用多结电池（Multi-junction Cell）技术，具有不同带隙的多层材料拓宽了整个电池对太阳光的光谱响应波段，实现了更高效的能源转换。三结光伏电池的底部电池单元是在玻璃基板上制作的 CIGS 类太阳能电池，顶部电池单元是在 GaAs 基板上制作的 GaAs、GaInP 双结太阳能电池。剥离顶部电池单元的 GaAs 基板后，贴合两个电池制作而成，转换效率为 24.2%。四结光伏电池的底部电池单元是在 InP 基板上制作的 InGaAs、InGaAsP 双结太阳能电池，顶部电池单元是在 GaAs 基板上制作的 GaAs、GaInP 双结太阳能电池。剥离 GaAs 基板后，贴合两个电池制作而成，太阳能电池的转换效率在不聚光时可达 30.4%。

表 3-1　几种太阳能电池性能比较

电池种类	晶硅类			薄膜类	
	单晶硅	多晶硅	非晶硅	碲化镉	铜铟镓硒
商用效率	14%~17%	13%~16%	6%~8%	5%~8%	5%~8%
实验室效率	24%	20.3%	12.8%	16.4%	19.5%
平均温度系数	−0.45%/℃	−0.41%/℃	−0.21%/℃	−0.23%/℃	−0.35%/℃
光致衰减效应	0.5%/年	0.45%/年	0.85%/年	0.5%/年	0.65%/年
使用寿命	25 年	25 年	25 年	25 年	25 年
组件层厚度	厚层	厚层	薄层	薄层	薄层
规模生产	已形成	已形成	已形成	已形成	已证明可行
能量偿还时间	2~3 年	2~3 年	1~2 年	1~2 年	1~2 年
生产成本	高	较高	较低	相对较低	相对较低
主要优点	效率高、技术成熟	效率较高、技术成熟	弱光效应好、成本较低	弱光效应好、成本相对较低	弱光效应好、成本相对较低

3.4.2　太阳能电池的发展历程

1. 第一代电池——硅基太阳电池：单晶与多晶主流之争

1954 年，美国科学家恰宾和皮尔松在美国贝尔实验室首次制成了实用的单晶硅太阳电池，诞生了将太阳光能转换为电能的实用光伏发电技术。

1968 年至 1969 年底，中科院半导体所承担了为"实践 1 号"卫星研制和生产硅太阳能电池板的任务。王占国院士经过刻苦攻关发现，NP 结硅太阳能电池抗电子辐照的能力比 PN 结硅电池大几十倍。随后，半导体所决定将硅 PN 电池改为 NP 定型投产，圆满完成了"实践 1 号"卫星用太阳能电池板的研制、生产任务。1971 年"实践 1 号"发射升空，在 8 年的寿命期内，太阳能电池功率衰减不到 15%，该项目在 1978 年全国科学大会上获重大成果奖。

2015 年为推动光伏技术发展，国家能源局推出"领跑者"计划，中国光伏市场开始技术改革，多晶硅电池虽有成本优势，但是其电池片效率已接近瓶颈。而单晶硅电池的转换效率可超越其他类型的电池。金刚线切割技术的突破，打破了多晶硅组件对中国市场的"垄断"地位。与传统的砂浆切割相比，金刚线切割降低了硅片的损耗，金刚线材料硬度更高，切割线速度快，有效降低了硅片单片成本。单晶由于其晶格序列一致，晶面取向相同，对于金刚线切割契合度更高。方形倒角的切割也使得等面积的情况下组件功率更高，在小范围同等面积的情况下能安装更高容量的电站。光电效率的突破和生产成本的降低，使得单晶电池快速占领了光伏市场，成为新的主流。

2. 第二代电池——多元化合物薄膜电池：晶硅与薄膜主流之争

薄膜电池主要包括碲化镉（CdTe）、砷化镓（GaAs）、铜铟镓硒（CIGS）等光伏组件。这类光伏组件消耗材料少、制备成本低。

薄膜电池具有更高的理论转化效率，但目前实验和量产最高效率低于晶硅。薄膜电池通常由五层功能性薄膜构成，其中 P 层吸光层为核心部件，决定了各类电池的性能差异：①透明导电氧化物（TCO）薄膜：主要起透光和导电的作用；②N 型窗口层：在光照条件下产生光伏效应；③P 型吸光层：整个电池中最为核心的部分，光生载流子的产生、输运主要在该层进行；④背接触层：降低 P 型吸收层和金属电极的接触势垒，减少背接触处载流子的复合概率；⑤背电极：通常为金属薄膜，主要作用是收集空穴，连接外电路。

晶硅电池技术迭代迅速，N 型成为电池技术主要发展方向。近年来，太阳能电池生产商不断探索新技术、新工艺，市场主流的太阳能电池类型已由常规铝背场电池（BSF）过渡到当前的 P 型电池，氧化层钝化接触电池（TOPCon）、本征薄膜异质结电池（HJT）等 N 型高效电池的市场份额亦快速上升。发射极和背面钝化电池（PERC）产能经历快速发展，2022 年平均转换效率达到 23.2%，已逼近理论效率极限，未来继续提升空间有限。N 型 TOPCon 平均转换效率达到 24.5%，HJT 平均转换效率达到 24.6%，两者较 2021 年均有较大提升。未来随着生产成本的降低及良率的提升，N 型电池将会成为电池技术的主要发展方向之一。

3. 新型太阳能电池

目前新型太阳能电池的主要类别包括有机太阳能电池、钙钛矿太阳能电池、铜铟镓硒太阳能电池、量子点太阳能电池等。这些新型太阳能电池具有各自独特的特点和优势，例如有机太阳能电池具有低成本、制备工艺简单、柔性可弯曲等优点，钙钛矿太阳能电池具有高效率、低成本、制备工艺简单等优点，铜铟镓硒太阳能电池具有高效率、稳定性好、制备工艺简单等优点，量子点太阳能电池具有高效率、稳定性好、可调谐性等优点。这些新型太阳能电池的应用范围正在不断扩大，为人类提供更加高效、稳定、可靠的能源供应方式。

3.4.3 多晶硅太阳能电池

多晶硅（Polycrystalline Silicon）有灰色金属光泽，是极为重要的优良半导体材料，但微量的杂质即可极大影响其导电性。多晶硅在电子工业中广泛用于制造半导体收音机、录音机、电冰箱、彩电、录像机、电子计算机等，由干燥硅粉与干燥氯化氢气体在一定条件下氯化，再经冷凝、精馏、还原而得。

按硅沉积反应时使用原料的不同，目前世界上批量生产多晶硅的方法分为使用硅烷作为原料的新硅烷热分解法和使用三氯氢硅作为原料的改良西门子法，前者既可生产粒状多晶硅又可生产棒状多晶硅，后者生产棒状多晶硅。生产棒状多晶硅和生产粒状多晶硅的新硅烷热分解法在硅烷的制备及分解反应设备、工艺等方面的差异很大，可以看作两种不同的方法。改良西门子法目前是多晶硅生产的主流工艺，约占总产量的75%以上。

生产电池片的工艺比较复杂，一般要经过图3-15所示的生产工艺流程。

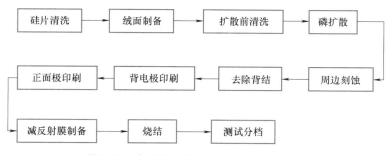

图3-15　多晶硅太阳能电池生产工艺流程

1）切片：采用多线切割，将硅棒切割成正方形的硅片。

2）硅片清洗：用常规的硅片清洗方法清洗，然后用酸（或碱）溶液将硅片表面切割损伤层除去$30\sim50\mu m$。

3）绒面制备：用碱溶液对硅片进行各向异性腐蚀，在硅片表面制备绒面。

4）磷扩散：采用涂布源（或液态源、固态氮化磷片状源）进行扩散，制成PN^+结，结深一般为$0.3\sim0.5\mu m$。

5）周边刻蚀：扩散时在硅片周边表面形成的扩散层，会使电池上下电极短路，用掩蔽湿法腐蚀或等离子干法腐蚀去除周边扩散层。

6）去除背面PN^+结：常用湿法腐蚀或磨片法除去背面PN^+结。

7）电极制备：用真空蒸镀、化学镀镍或铝浆印刷烧结等工艺，先制作背电极，然后制作正面电极。铝浆印刷是大量采用的工艺方法。

8）减反射膜制备：为了减少光反射损失，要在硅片表面覆盖一层减反射膜。制作减反射膜的材料有MgF_2、SiO_2、Al_2O_3、Si_3N_4、TiO_2、Ta_2O_5等，工艺方法可用真空镀膜法、离子镀膜法、溅射法、印刷法、PECVD（等离子体增强化学气相沉积）法或喷涂法等。

9）烧结：将电池芯片烧结于镍或铜的底板上。

10）测试分档：按规定参数规范，测试分类。

3.4.4　非晶硅薄膜太阳能电池

开发太阳能电池的两个关键问题是提高转换效率和降低成本。由于非晶硅薄膜太阳能电池的成本低，便于大规模生产，普遍受到人们的重视并得到迅速发展，其实早在20世纪70年代初，Carlson等就已经开始了对非晶硅电池的研制工作，近几年它的研制工作得到了迅速发展，目前世界上已有许多家公司在生产该种电池产品。

非晶硅（Amorphous Silicon）作为太阳能材料尽管是一种很好的电池材料，但由于其光学带隙为1.7eV，材料本身对太阳辐射光谱的长波区域不敏感，这样一来就限制了非晶硅太阳能电池的转换效率。此外，其光电效率会随着光照时间的延续而衰减，即所谓的光致衰退（S-W）效应，使得电池性能不稳定。解决这些问题的途径就是制备叠层太阳能电池，叠层太阳能电池是由在制备的 PIN 层单结太阳能电池上再沉积一个或多个 PIN 子电池制得的。

叠层太阳能电池提高转换效率、解决单结电池不稳定性的关键问题在于：①它把不同禁带宽度的材料组合在一起，提高了光谱的响应范围；②顶电池的 I 层较薄，光照产生的电场强度变化不大，保证 I 层中的光生载流子抽出；③底电池产生的载流子约为单电池的 1/2，光致衰退效应减小；④叠层太阳能电池各子电池是串联在一起的。

非晶硅薄膜太阳能电池的制备方法有很多，其中包括反应溅射法、PECVD 法、LPCVD（低压化学气相沉积）法等，反应原料气体为 H_2 稀释的 SiH_4，衬底主要为玻璃及不锈钢片，制成的非晶硅薄膜经过不同的电池工艺过程可分别制得单结电池和叠层太阳能电池。目前非晶硅太阳能电池的研究取得两大进展：第一、三叠层结构非晶硅太阳能电池转换效率达到13%，创下新的纪录；第二、三叠层太阳能电池年生产能力达 5MW。美国联合太阳能公司（VSSC）制得的单结太阳能电池最高转换效率为 9.3%，三带隙三叠层电池最高转换效率为 13%。

上述最高转换效率是在小面积（0.25cm^2）电池上取得的。曾有文献报道单结非晶硅太阳能电池转换效率超过 12.5%，美国联合太阳能公司开发的三结非晶硅太阳能电池实现了14.6% 的初始转换效率和 13.0% 的稳定转换效率。国内关于非晶硅薄膜电池，特别是叠层太阳能电池的研究并不多，南开大学的耿新华等采用工业用材料，以铝背电极制备出面积为20cm×20cm、转换效率为 8.28% 的 a-Si/a-Si 叠层太阳能电池。

非晶硅太阳能电池由于具有较高的转换效率和较低的成本及重量轻等特点，有着极大的潜力。但同时由于它的稳定性不高，直接影响了它的实际应用。如果能进一步解决稳定性问题及提高转换率问题，那么，非晶硅太阳能电池无疑是太阳能电池的主要发展产品之一。

3.4.5 CIGS 薄膜太阳能电池

CIGS 薄膜太阳能电池，是由 Cu、In、Ga、Se 四种元素构成最佳比例的黄铜矿结晶薄膜太阳能电池，是组成电池板的关键技术。由于该产品具有光吸收能力强、发电稳定性好、转化效率高、白天发电时间长、发电量高、生产成本低及能源回收周期短等诸多优势，CIGS太阳能电池已是太阳能电池产品的明日之星，可以与传统的晶硅太阳能电池相抗衡。CIGS薄膜太阳能电池及其结构示意图如图 3-16 所示。

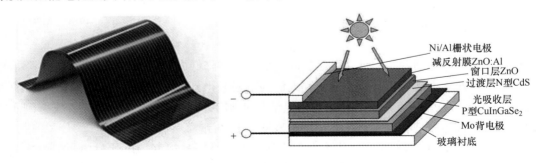

图 3-16　CIGS 薄膜太阳能电池及其结构示意图

CIGS 薄膜太阳能电池材料与器件的实验室技术在发达国家趋于成熟，大面积电池组件和量产化开发是 CIGS 电池目前发展的总体趋势，而柔性电池和无镉电池是近几年的研究热点。美国国家可再生能源实验室（National Renewable Energy Labs，NREL）在玻璃衬底上利用共蒸发三步工艺制备出最高效率达 19.9% 的电池。这种柔性衬底 CIGS 太阳能电池在军事上很有应用前景。近期，CIGS 小面积电池效率又创造了新的纪录，达到了 20.1%，与主流产品多晶硅电池效率相差无几。美国 NREL 和日本松下电器公司在不锈钢衬底上制备的 CIGS 电池效率均超过 17.5%；瑞士联邦材料科学与技术实验室（EM-PA）的科学家 Tiwari 领导的小组经过多年努力，完善了之前开发的柔性不锈钢衬底太阳能电池，实现了 18.7% 的效率。由美国能源部（Department of Energy）国家光伏中心与日本"新能源和工业技术开发机构（NEDO）"联合研制的无镉 CIGS 电池效率达到 18.6%。这说明即使不使用 CdS 也能制备出高转化效率的 CIGS 太阳能电池。

我国研究 CIGS 薄膜太阳能电池在 20 世纪 80 年代开始起步，内蒙古大学、云南师范大学和南开大学等单位开始对 CIS 材料和电池进行研究。南开大学采用蒸发法制备吸收层 CIS 薄膜、N 型层 CdS 与窗口低阻层 CdS：In 薄膜。1999 年研制（1cm^2 面积）的 CIS 电池效率为 8.83%，CIGS 电池效率为 9.13%。1999 年得到教育部"211"工程资助，开始研究金属预置层后硒化制备 CIGS 薄膜，化学水浴（CBD）法制备过渡层 CdS 薄膜，溅射本征 ZnO、ZnO：Al 薄膜等工艺技术。2002 年得到国家"863"计划的重点投入，建立了 CIGS 薄膜电池 10cm×10cm 面积组件的研究平台，为我国发展 CIGS 薄膜太阳能电池及化合物电子薄膜与器件奠定了基础。2011 年 6 月初，中国科学院深圳先进技术研究院与香港中文大学合作，成功研发出了光电转换效率达 17% 的 CIGS 薄膜太阳能电池。

随着晶体硅太阳能电池原材料短缺的不断加剧和价格的不断上涨，很多公司投入巨资，CIGS 产业呈现出蓬勃发展的态势。2012 年 1 月，曼兹（Manz）对 Würth Solar CIGS 整条创新生产线的并购加快了其技术发展，制造出拥有 14% 实际量产光伏组件效率（受光面积效率 15.1%）的光伏组件，创造了该领域的世界纪录。2016 年，曼兹与德国太阳能与氢能研究中心（ZSW）实现 22.6% 的 CIGS 薄膜太阳能电池效率，创造了新的薄膜光伏电池纪录。在所有的薄膜技术中，CIGS 是进一步提高效率和降低成本最具潜力的技术，正是因为其性能优异，被国际上称为下一代的廉价太阳能电池，无论是在地面阳光发电还是在空间微小卫星动力电源的应用上都具有广阔的市场前景。中国的 CIGS 产业与欧美和日本等国家和地区相比还有一定差距，南开大学以国家"十五""863"计划为依托，建设 0.3MW 中试线，已制备出 30cm×30cm、效率为 7% 的集成组件样品。2008 年 2 月，山东孚日光伏科技有限公司与德国的 Johanna 合作，独家引进了中国首条 CIGSSe（铜铟镓硫硒化合物）商业化生产线。2011 年 9 月，落户在山东省高密市的国内规模最大的铜铟镓硫（3UAN CIGS）薄膜太阳能光伏屋顶电站启动，首期安装的规模 300kW 工程成功与国家电网系统并网发电，该光伏屋顶电站是全国规模最大的利用 CIGS 薄膜太阳能电池组件的示范区。继太阳能组件热、多晶硅热之后，薄膜电池又成为国内光伏领域新的投资热点。国内薄膜太阳能电池投资热情持续高涨，薄膜电池项目遍地开花。2020 年全球 CIGS 薄膜太阳能电池的销售规模增长至 21 亿美元，CIGS 薄膜光伏组件的销售规模达到 44 亿美元。

3.4.6 钙钛矿太阳能电池

基于钙钛矿的太阳能电池已经在光伏领域掀起了一场以高效低成本器件为目标的新革命。因此，由近一年钙钛矿的迅猛发展速度可以预测，随着相关研究组的不断努力，完全有理由相信，综合利用结构工程、材料工程、界面工程、能带工程和入射光管理工程，有可能通过低成本的制备工艺大规模生产出转换效率极高的绿色、高效钙钛矿基太阳能新能源，真正成为新一代的低成本、绿色能源产业的主流产品。

在 2009 年试制时，Akihiro Kojima 首次将 $CH_3NH_3PbI_3$ 和 $CH_3NH_3PbBr_3$ 制备成量子点（9~10nm）应用到染料敏化太阳能电池（DSC）中，研究了在可见光范围内，该类材料敏化 TiO_2 太阳能电池，获得 3.8% 的光电转换效率。2011 年，研究者将实验方案进行了改进与优化，制备的 $CH_3NH_3PbI_3$ 量子点达到 2~3nm，电池效率增加了 1 倍，达到 6.54%。如图 3-17 所示，将 Spiro-OMeTAD 作为有机空穴传输材料应用到钙钛矿电池中，钙钛矿电池稳定性和工艺重复性得到极大提高。2013 年，随着工艺不断优化，钙钛矿太阳能电池的光电转换效率仅约半年时间就猛增至 15%。2014 年，钙钛矿太阳能电池的最高光电转换效率已接近 20%。这种新型钙钛矿吸光材料的最大优点是它的吸光系数很大，吸光能力比传统染料高 10 倍以上，但目前其微观机理没有定论。

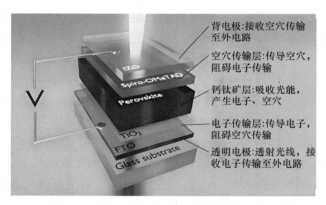

图 3-17 钙钛矿太阳能电池的结构示意图

3.5 半导体电光效应器件：发光二极管（LED）

发光二极管（Light Emitting Diode，LED）是一种半导体器件，通过电流激发半导体材料而产生光。其工作原理基于电子-空穴复合过程，使得激发的电子从高能级跃迁至低能级时释放能量，产生光子。

LED 具有高效能、长寿命、响应速度快、环保等优势，因此在照明、显示、通信、生物医学等领域广泛应用。其光谱范围广泛，可通过材料工程实现不同波长的发光，包括紫外光、可见光和红外光等。随着材料科学的研发和生产水平的发展，LED 的亮度、色彩稳定性、光谱调节能力和微型化能力不断提高，成了现代照明和显示技术飞速发展的主要驱动力。

3.5.1 LED 结构及发光原理

LED 是一种固态的半导体器件，它可以直接把电转化为光。一块电致发光的半导体芯片，封装在环氧树脂中，通过针脚支架作为正负电极并起到支撑作用。如图 3-18 所示，展示了灯珠 LED 的心脏是一个半导体的芯片，芯片的一端附在一个支架上，一端是负极，另一端连接电源的正极，使整个芯片被环氧树脂封装起来。半导体芯片由两部分组成，一部分是 P 型半导体，在它里面空穴占主导地位，另一部分是 N 型半导体，在这边主要是电子。但这两种半导体连接起来的时候，它们之间就形成一个 PN 结。当电流通过导线作用于这个晶片的时候，电子就会被推向 P 区，在 P 区里电子与空穴复合，然后就会以光子的形式发出能量，这就是 LED 发光的原理。光的波长也就是光的颜色，是由形成 PN 结的材料决定的。

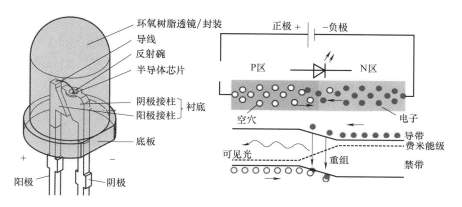

图 3-18　LED 基本结构和工作原理

LED 的工作原理可以通过 PN 结的光电导效应和发光复合效应来解释。作为二极管的一种，LED 与光电二极管不同，它通常工作在正向偏置的状态下，当外加正向电压施加到 PN 结上时，P 区和 N 区的载流子（电子和空穴）在电场的作用下被注入结区域，在 PN 结附近数微米内分别与 N 区的电子和 P 区的空穴复合，释放出能量，这种能量释放的过程导致了电子跃迁到低能级，产生光子的发射，从而产生自发辐射的荧光。

对电子-空穴复合过程具体而言，当电子从 N 区跃迁到 P 区时，其能量降低，多余的能量以光子的形式释放出来。这些光子的能量与电子跃迁的能级差相关，决定了发光的波长和颜色。对于硅基 LED，典型的波长范围为可见光范围（400~700nm），可通过材料的能隙调控来实现不同颜色的发光。

LED 的激发可以通过直接注入电流（正向偏置）或电场诱导（逆向击穿）等方式实现。在正向偏置条件下，电子和空穴被注入 PN 结，进行复合并释放光子。逆向击穿时，高电场强度会导致结中的载流子被加速，从而发生复合并产生光。

3.5.2　单色 LED

通过选择不同的半导体材料，可以制造发射从近红外到可见光谱甚至紫外线范围内窄频段波长的单色 LED。

蓝色 LED 的活性区由一个或多个 InGaN 量子阱夹在较厚的 GaN 层之间组成，称为包层。通过改变 In/Ga 在 InGaN 量子阱中的相对分数，理论上可以将光的发射从紫色变化到琥珀色。

铝镓氮（AlGaN）的不同 Al/Ga 分数可用于制造紫外 LED 的包层和量子阱层，但这些器件尚未达到 InGaN/GaN 蓝/绿色器件的效率和技术成熟水平。如果在这种情况下使用不合金化的 GaN 来形成活性量子阱层，该器件将以峰值波长约为 365nm 的近紫外光发射。使用 InGaN/GaN 系统制造的绿色 LED 比使用非氮化物材料系统制造的绿色 LED 更高效和更亮，但实际器件的效率仍然过低，无法满足高亮度应用的要求。

通过 AlGaN 和 AlGaInN，甚至可以实现更短波长的 LED。波长为 360~395nm 的近紫外发射器已经便宜且常见，例如作为检查文件和纸币中的防伪紫外水印的黑光灯替代品以及用于紫外固化。商业上可用的波长更短的二极管可达到 240nm，但价格昂贵。由于微生物的光敏感性大约与 DNA（脱氧核糖核酸）的吸收谱匹配，峰值约在 260nm，预期未来的消毒和灭菌设备将使用发射在 250~270nm 的紫外 LED。最近的研究表明，商业上可用的 UVA-LED（365nm）已经是有效的消毒和灭菌设备。通过使用氮化铝（210nm）、氮化硼（215nm）和金刚石（235nm）可以在实验室中获得 UV-C 波长。

3.5.3　白光 LED

制造白光 LED 有两种主要方法。一种是使用发射三种原色——红色、绿色和蓝色的单个 LED，然后将所有颜色混合以形成白光。另一种方法是使用磷光材料将蓝色或紫外 LED 发出的单色光转换为类似于荧光灯的广谱白光。黄色磷光是镧掺杂的 YAG 晶体悬浮在 LED 封装中或涂覆在 LED 上。在部分磷光转换的 LED 中，这种钇铝石榴石晶体（YAG）型磷光使得白色 LED 在关闭时呈现黄色，晶体之间的空间允许部分蓝光通过。或者，白色 LED 可以使用其他磷光材料，如四价锰掺杂的氟硅酸钾（PFS）或其他工程磷光材料。PFS 有助于产生红光，并与传统的 Ce:YAG 磷光一起使用。在具有 PFS 磷光的 LED 中，部分蓝光穿过磷光，Ce:YAG 磷光将蓝光转换为绿光和红光（黄光），而 PFS 磷光将蓝光转换为红光。通过改变 LED 封装中所用的几种磷光的浓度来控制白色磷光转换和其他磷光转换 LED 的颜色、发射光谱或色温。

光的"白度"被用于评价产生的光以适应人眼观察。由于同色异谱效应，可能有完全不同的光谱看起来是白色的。被该光照亮的物体的外观可能随着光谱的变化而变化。这是颜色再现的问题，与色温完全不同。如果 LED 或磷光不发出反射的波长，橙色或青色的物体可能显示错误的颜色并且更暗。最佳的色彩再现 LED 使用了一种磷光混合物，结果是更低的效率和更好的色彩再现。

3.5.4　多色白光 LED

将红、绿和蓝光源混合以产生白光，需要电子电路来控制颜色的混合。由于 LED 具有略微不同的发射模式，即使 RGB 光源在单个封装中，颜色平衡也可能随着视角的变化而改变，因此很少使用 RGB 二极管来产生白色照明。尽管如此，由于混合不同颜色的灵活性，这种方法有许多应用，并且原理上，这种机制在产生白光时也具有较高的量子效率。

有几种类型的多色白光 LED：二色、三色和四色白光 LED。在这些不同方法之间发挥作用的几个关键因素包括颜色稳定性、颜色再现能力和发光效率。通常，更高的效率意味着较低的颜色再现，从而在发光效率和颜色再现之间呈现出权衡。例如，二色白光 LED 具有最佳的发光效率（120lm/W），但颜色再现能力最低。尽管四色白光 LED 具有出色的颜色再现能力，但它们通常具有较低的发光效率。三色白光 LED 处于中间位置，具有良好的发光效率（>70lm/W）和公平的颜色再现能力。其中一个挑战是开发更高效的绿色 LED。绿色 LED 的理论最大值为 683lm/W，但目前很少有绿色 LED 甚至超过 100lm/W。蓝色和红色 LED 接近它们的理论极限。

多色 LED 提供了形成不同颜色光的手段。通过混合不同数量的三原色可以形成大多数可感知的颜色。这使得可以进行精确的动态颜色控制。它们的发射功率随着温度升高而呈指数衰减，导致颜色稳定性发生显著变化。这些问题抑制了工业上的使用。没有磷光的多色 LED 不能提供良好的颜色再现，因为每个 LED 都是一个窄带源。不含磷光的 LED，虽然是通用照明的较差解决方案，但对于显示器来说却是最佳解决方案，无论是 LCD（液晶显示）的背光，还是基于像素的 LED 照明。

调光多色 LED 源以匹配白炽灯的特性很困难，因为制造变异、老化和温度变化会改变实际的颜色值输出。要模拟调光白炽灯的外观可能需要一个反馈系统，带有颜色传感器来主动监测和控制颜色。

3.5.5 基于磷光的 LED（pcLEDs）

这种方法涉及将一种颜色的 LED（主要是由 InGaN 制成的蓝色 LED）涂覆上不同颜色的磷光，以形成白光；产生的 LED 被称为基于磷光或磷光转换的白光 LED（pcLEDs）。一部分蓝光经历了斯托克斯偏移，将其从较短波长转换为较长波长。根据原始 LED 的颜色，使用各种颜色的磷光。使用几个不同颜色的磷光层扩展了发射的光谱，有效提高了色彩再现指数（CRI）。

基于磷光的 LED 由于斯托克斯偏移和其他与磷光相关的问题而损失效率。与普通 LED 相比，它们的发光效率取决于产生的光输出的光谱分布和 LED 本身的原始波长。例如，基于典型 YAG 黄磷光的白光 LED 的发光效率范围是原始蓝色 LED 的 3~5 倍，这是因为人眼对黄色的敏感性高于蓝色。由于制造的简单性，磷光方法仍然是制造高强度白光 LED 最流行的方法。使用单色发射器与磷光转换的设计和制造比复杂的 RGB 系统更简单和更便宜，目前市场上大多数高强度白光 LED 都是使用磷光转换制造的。

改进白光源 LED 照明效率的有效措施之一是发展更高效的磷光材料。目前最有效的黄色磷光仍然是 YAG 磷光，损失不到 10% 的斯托克斯偏移。LED 器件内部光学损失（如 LED 芯片内部的封装吸收损耗等）通常占效率损失的 10%~30%。在磷光 LED 的开发领域，大量的工作正在致力于优化磷光 LED 器件以提高光输出和操作温度。例如，通过采用更好的封装设计或使用更适合的磷光类型，可以提高效率。顺应性涂覆工艺经常用于解决不同磷光厚度的问题。

一些基于磷光的白光 LED 将 InGaN 蓝色 LED 封装在涂有磷光的环氧树脂内。或者，LED 可以与远程磷光配对，即预先形成的聚碳酸酯块，涂覆有磷光材料。远程磷光提供了更漫射的光，这在许多应用中是理想的。远程磷光设计对于 LED 的发射光谱变化更具有容忍性。常见的黄色磷光材料是铈掺杂的钇铝石榴石（Ce^{3+}：YAG）。

白光 LED 也可以通过将近紫外线（NUV）LED 涂覆一种高效率的铕基磷光和铜铝掺杂的硫化锌（ZnS：Cu，Al）的混合物来制造，该混合物发出红色和蓝色光，并且会发出绿色光。这是一种类似于荧光灯工作的方法。这种方法的效率比使用 YAG：Ce 磷光的蓝色 LED 要低，因为斯托克斯偏移更大，因此更多的能量转化为热量，但是产生了具有更好光谱特性的光，这样可以更好地呈现颜色。由于紫外 LED 的辐射输出比蓝色 LED 的辐射输出更高，所以两种方法提供的亮度可比。一个担忧是紫外线可能会从故障的光源中泄漏出来，对人眼或皮肤造成伤害。

新型的由氮化镓-硅（GaN-on-Si）组成的晶片样式被用于使用 200mm 硅晶片生产白光 LED。这避免了典型的成本高昂的蓝宝石衬底，而使用了相对较小的 100mm 或 150mm 晶片。蓝宝石设备必须与镜面收集器相结合，以反射被浪费的光。自 2020 年以来，40% 的所有氮化镓 LED 都是用氮化镓-硅制造的。制造大型蓝宝石材料是困难的，而大型硅材料则更便宜和更丰富，对从使用蓝宝石转向使用硅的 LED 公司应该是一项更为经济的投资。

3.5.6　钙钛矿发光二极管（PeLEDs）

钙钛矿发光二极管（PeLEDs）已经成为下一代显示和照明技术有希望的候选者。近年来，由于它们具有发出窄带宽光、可调光谱、能够提供高色彩纯度和成本效益的解决方案制造能力，研究人员对钙钛矿发光二极管（PeLEDs）越来越感兴趣。

1. 绿色 PeLEDs

就效率而言，PeLEDs 尚未超越商业有机发光二极管（OLEDs），因为特定的关键参数，如电荷载流子传输和光学输出耦合效率，尚未得到彻底优化。

通过对电荷载流子传输和近场光分布进行战略调整，实现了超高效率的绿色 PeLEDs 的开发，其外部量子效率（EQE）超过了 30%。这些优化有效地减少了电子泄漏，并导致了出色的光输出耦合效率，达到了 41.82%。使用具有高折射率和增加孔载流子迁移率的 $Ni_{0.9}Mg_{0.1}O_x$ 膜作为孔注入层来平衡电荷载流子注入，并在孔传输层和钙钛矿发射层之间插入聚乙二醇层，以防止电子泄漏和减少光子损失。进一步通过有效地平衡电子-空穴复合并增强光输出耦合，建立了超高效率 PeLEDs 的方法，绿色 PeLEDs 的改进结构使其在亮度水平为 6514cd/m^2 时实现了 30.84%（平均为 29.05%±0.77%）的世界纪录外部量子效率。

然而，扩大钙钛矿 LED 的有效区域可能会导致其性能显著下降。为了解决这个问题，引入了 L-正缬氨酸作为表面配体，显著降低了准二维钙钛矿相的生成能，改变了结晶路径，有效地抑制了相分离。因此，获得了高质量的大面积准二维钙钛矿薄膜。进一步调节了薄膜的复合动力学，从而实现了 9.0cm^2 的有效区域和 16.4% 的外部量子效率（EQE），使其成为最高效的大面积 PeLED。同时，还实现了 9.1×10^{4}cd/m^2 的高亮度器件。这展示了准二维钙钛矿在显示或照明应用中的巨大潜力和多样性，从而为未来大面积 PeLED 的生产铺平了道路。

2. 蓝色 PeLEDs

通过利用具有路易斯碱苯甲酸阴离子和碱金属阳离子的双功能钝化剂，创建了高效的天蓝色钙钛矿发光二极管。这种钝化剂起到了双重作用：它有效地钝化了不足的铅原子，同时抑制了卤化物离子的迁移。这种创新方法实现了一个在稳定波长 483nm 处发光的高效率钙钛矿 LED。LED 表现出了令人赞赏的外部量子效率（EQE），达到 16.58%，峰值 EQE 达到 18.65%。通过光学耦合增强，EQE 进一步提高到了 28.82%。

3. 红色 PeLEDs

照明和显示技术中最关键的一个方面是高效产生红色发射。准二维钙钛矿由于强大的载流子约束而显示出高发射效率的潜力。然而，由于复杂的准二维钙钛矿膜中存在不同 n 值相，大多数红色准二维 PeLEDs 的外部量子效率（EQE）并不理想。

通过引入大型阳离子来增强红光钙钛矿 LED 的效率。如添加苯乙胺碘化物（PEAI）/3-氟苯基乙胺碘化物（m-F-PEAI）和 1-萘甲基胺碘化物（NMAI），这种方法有效地减少了较小 n 值相的普遍性，并同时解决了钙钛矿膜中的铅和卤化物缺陷，实现了对准二维钙钛矿材料相分布的精确控制，开发出了能够在 680nm 处实现 25.8% EQE 的钙钛矿 LED，伴随着 $1300cd/m^2$ 的峰值亮度。

4. 白色 PeLEDs

通过近场光耦合，可以构建具有高光提取效率的高性能白色钙钛矿 LED。蓝色钙钛矿二极管和红色钙钛矿纳米晶之间的近场光耦合，是通过一个合理设计的多层半透明电极（LiF/Al/Ag/LiF）实现的。红色钙钛矿纳米晶层允许波导模式和表面等离子体极化模式在蓝色钙钛矿二极管中捕获并转换为红光发射，将光提取效率提高了 50%。同时，蓝光子和下转换的红光子的互补发射光谱，有助于形成白色 LED。最后，离子器件量子效率超过了 12%，亮度超过了 $2000cd/m^2$，这两者都是白色 PeLEDs 中最高的。

3.6　工程案例

北京冬奥会秉持环保奥运的理念，除了火炬采用氢能以外，奥运场地及奥运村用电全部来自于河北的光伏、风能发电。作为光伏建筑一体化（BIPV）应用的一大重要组成部分，碲化镉电池（CdTe）也在北京冬奥会上大显身手。国家速滑馆（"冰丝带"）就采用了碲化镉发电玻璃作为外墙，既美观又实用。碲化镉电池也利用冬奥会的机会再次走进人们的视野中。

在冬奥会项目建设中，中国工程院院士、中国建材集团总工程师彭寿带领团队自主研发的碲化镉发电玻璃，分别应用于赤城奥运走廊和国家速滑馆、张家口冬奥会场馆 BIPV 项目中。

"奥运走廊"——张家口赤城县大型山地修复电站项目（图 3-19），该项目安装面积约 10 万 m^2，装机容量 12MW，年发电量 2350 万 kW·h，是我国第一个大型碲化镉发电玻璃地面电站。它是生态环境修复和碳减排的示范案例，不仅修复了裸露的地表，而且可以滋养土地，使趋于荒漠化的土地植被得以恢复。此外，该项目的发电量也非常可观，在当地同规模电站中位列第一。

在建筑物上建设分布式电站，碲化镉发电玻璃有以下几方面优势：

图 3-19 "奥运走廊"中的碲化镉电池阵列

1）安全性。碲化镉发电膜生长在玻璃上，安全性可以得到充分的保障。一般的晶硅光伏玻璃则是将晶硅薄片夹在两片玻璃中，易造成短路等安全隐患。

2）光电转换效率高。碲化镉发电玻璃在理想状态下的光电转换效率高于 30%，一块 $2m^2$ 面积的发电玻璃年发电量近 $300kW \cdot h$。据有关统计，我国高楼大厦的表面积已经超过了 400 亿 m^2，在其中 2%的外墙上加上碲化镉发电玻璃，一年的总发电量相当于一个三峡大坝。

3）美观性。碲化镉发电玻璃可以实现 $10° \sim 180°$ 角度安装，成为光伏建筑一体化（BIPV），兼具艺术性与实用性。其广泛应用于墙壁、屋顶等多种建筑场景，可实现科技与绿色的完美融合，因此发电玻璃又被称为"挂在墙上的油田"。

4）经济性。碲化镉发电玻璃吸收层厚度在几个微米左右，原材料消耗极少。目前，市面上的碲化镉发电玻璃普遍在每平方米几十到两百元之间，而其使用寿命一般能够达到 30 年，使用成本仅为几元钱，可以替代传统幕墙玻璃、钢瓦或水泥屋顶以及各种墙面材料。

除此之外，碲化镉发电玻璃还具有温度系数低、弱光性能好、抗衰减等特点，其对可见光的吸收率达 99%以上，即使弱光条件下也可通过光电转化产生电能，不仅能有效减轻光污染，还能够将外部弱光能量转化为清洁能源，将建筑物变成一个发电站。

碲化镉发电玻璃因其性能优异，近年来被列入国家重点新材料首批次应用示范指导目录，目录还对其发电转换效率及面积做了要求（发电转换效率≥13%，面积≥$1.92m^2$）。据资料显示，碲化镉发电玻璃理论上最高光电转换效率可达 30%，而目前最高的转换效率是由美国光伏企业 First Solar 创下的 22.1%，对比理论值仍有较大提升空间。

思 考 题

1. 为什么结型光电器件在正向偏置时没有明显的光电效应？结型光电器件必须工作在哪种偏置状态？

2. PIN 管和普通 PN 结光电二极管相比在结构上有何区别？

3. 光敏电阻的"亮电阻""暗电阻"的含义是什么？实际应用中，选择光敏电阻时，其暗电阻阻值越大越好还是越小越好？为什么？

4. 太阳能电池的"开路电压""短路电流""转换效率""最佳负载电阻"如何定义？

5. 在太阳能电池的伏安特性曲线中，用光电池探测缓变光信号时，应工作在哪个区域？

6. 画图分析太阳能电池发电原理，用图形描述受到光子照射后太阳能电池中的载流子输运行为。

参 考 文 献

［1］ 郭乐慧. 高性能光电倍增管的优化设计及应用研究［D］. 西安：中国科学院西安光学精密机械研究所，2021.

［2］ 武兴建，吴金宏. 光电倍增管原理、特性与应用［J］. 国外电子元器件，2001（8）：13-17.

［3］ SOMMER A H, MARTON L. Photoemissive Materials：Preparation，Properties，and Uses［J］. Physics Today，1970，23（3）：89-91.

［4］ 滨松光子学株式会社. 光电倍增管基础及应用［M］. 静冈县：滨松光子学株式会社，2005.

［5］ OBA K，ŘEHÁK P. Studies of High-Gain Micro-Channel Plate Photomultipliers［J］. IEEE Transactions on Nuclear Science，1980，28：683-688.

［6］ GYS T. Micro-Channel Plates and Vacuum Detectors［J］. Nuclear Instruments and Methods in Physics Research Section A：Accelerators，Spectrometers，Detectors and Associated Equipment，2015，787：254-260.

［7］ HIROYUKI S. Review of Superconducting Nanostrip Photon Detectors Using Various Superconductors［J］. IEEE Transactions on Electronics，2021，E104 C（9）：429-434.

［8］ 刘恩科，朱秉升，罗晋生. 半导体物理学［M］. 8 版. 北京：电子工业出版社，2023.

［9］ 童诗白，华成英. 模拟电子技术基础［M］. 6 版. 北京：高等教育出版社，2023.

［10］ LI Z，XUE J，DE CEA M，et al. A Sub-Wavelength Si LED Integrated in a CMOS Platform［J］. Nature Communications，2023，14（1）：882.

第 4 章
功能电介质材料与器件

电介质是指在电场作用下能产生极化的物质。电介质在电场作用下，其束缚电荷相对于电场方向发生弹性位移或偶极子取向现象。广义上说，电介质不仅包括绝缘材料，而且包括各种功能电介质材料。

随着材料科学的迅速发展，发现一些电介质具有与其极化过程强关联的特殊性能。例如，不具有对称中心的晶体电介质，在机械力的作用下能产生极化，即压电性；不具有对称中心，而具有与其他方向不同的唯一的极轴晶体存在自发极化，当温度变化时能引起极化，即具有热释电性；当自发极化偶极矩能随外加电场的方向而改变时，它的极化强度与外加电场的关系曲线类似于铁磁材料的磁化强度与磁场的关系曲线，即具有铁电性。具有压电性、热释电性、铁电性的材料分别称为压电材料、热释电材料、铁电材料，它们之间的关系如图 4-1 所示。这些材料具有特殊的功能特性，是电介质的一个重要组成部分，称为功能电介质。功能电介质可用于实现电、热、力、磁、光等多物理场的交互作用及转换，在电子信息、集成电路、移动通信、能源技术和国防军工等现代高新技术领域具有极为重要的用途。

图 4-1　功能电介质的
分类及其相互关系

功能电介质材料的各种新性能、新应用不断被人们所认识，已在能源开发、空间技术、电子技术、传感技术、激光技术、光电子技术、红外技术、生物技术、环境科学等领域得到广泛应用。功能电介质器件也朝着高性能、高可靠性、多功能、微型化和集成化的方向发展。总之，功能电介质及其新型电子元器件对新质生产力的推动和综合国力的增强具有重要的战略意义。

4.1　压电材料与器件

将按钮轻轻一揿，煤气灶迅即燃起蓝色火焰，是什么带来这份便利？从步行道的地砖上走过时，地砖轻微下沉，地砖中央的 LED 灯会闪烁 30s，为什么走路也会发电？其实，这是压电材料的功劳，一种具有压电效应的功能材料。某些介质在力的作用下，产生形变，引起介质表面带电，这是正压电效应。反之，施加激励电场，介质将产生机械变形，称逆压电效应。这种奇妙的效应已经被科学家应用在与人们生活密切相关的许多领域，以实现能量转换、传感、驱动、频率控制等功能。

压电材料具有敏感的特性，可以将极其微弱的机械振动转换成电信号，可用于声呐系统、气象探测、遥测环境保护、家用电器等。压电材料在电场作用下产生的形变量很小，最多不超过本身尺寸的千万分之一，别小看这微小的变化，基于这个原理制作的精确控制器件——压电驱动器，对于精密仪器和机械的控制、微电子技术、生物工程等领域都是一大福音。谐振器、滤波器等频率控制装置，是决定通信设备性能的关键器件，压电材料在这方面也具有明显的优越性。它频率稳定性好、精度高及适用频率范围宽，而且体积小、不吸潮、寿命长，特别是在多路通信设备中能提高抗干扰性，使以往的电磁设备无法望其项背而面临着被替代的命运。

4.1.1　压电微机械超声换能器（PMUT）

压电微机械超声换能器（Piezoelectric Micromachined Ultrasonic Transducer，PMUT）是一类通过压电材料的压电效应使压电薄膜振动，从而发射或者接收超声波信号的微电子机械系统（MEMS）器件。

PMUT 由压电陶瓷、金属基板和匹配层组成。压电陶瓷是 PMUT 的核心部件，它可以将电信号转换为机械振动。金属基板的作用是将机械振动传递到外部，同时作为电信号的传导路径。匹配层的作用是减小机械阻抗失配，使超声波在压电陶瓷和外部环境之间传播更加顺畅。

当 PMUT 用作发射器时，从激励电源送来的电振荡信号输入到 PMUT 时，压电陶瓷会产生相应的机械振动。这些机械振动在匹配层的帮助下传播到外部介质中，从而实现超声波的发射。接收声波的过程正好与此相反，外来超声波作用在换能器的振动面上，从而使换能器的压电陶瓷发生振动，将机械能转换成电信号。接收器上的电路将电信号放大并处理，输出接收到的超声波信号。

当 PMUT 用于发射超声波时，它是一个执行器；当 PMUT 用于接收超声波时，它是一个传感器。这意味着在商业化产品中，完全相同的 PMUT 器件可以承担两个相对立的功能，例如汽车的超声波倒车雷达，无论是一个 PMUT 自发自收超声波，还是两个完全相同的 PMUT 一发一收超声波，都使用的是规格参数完全相同的器件。这使得 PMUT 器件从设计到生产、封装、测试、系统化的成本得到极大的降低。除此之外，MEMS 标准工艺批量化生产和晶圆级封装的大规模应用，都使得 PMUT 非常适合商业化应用。

除了成本优势以外，PMUT 的性能优势也非常显著。一般而言，执行器和传感器在关键性能指标上是天然互逆的，输出大位移的 MEMS 执行器很难检测微小振动，而精密的传感类器件如陀螺仪无法输出足够大的加速度或角速度。而 PMUT 作为一个标准器件，它的发射和接收性能正好处在一个适中的平衡点上。作为执行器，其发射声压、振动幅度较大，结构简单；而作为传感器，其灵敏度、信噪比也不低，给电路和算法带来的挑战也没有那么令人绝望。随着晶圆级材料生长技术的不断进步，以及 MEMS 工艺和生产线的不断完善，PMUT 的潜力正在进一步被发掘，尤其是材料的均匀性，带来了器件性能的极高一致性。从设计端向下优化的晶圆级工艺优化，使得 PMUT 的性能颠覆了现有的陶瓷技术，在越来越多的领域拉开了技术更新换代的序幕。

一般来说，PMUT 的基本结构如图 4-2a 所示，从上到下分别为顶电极、压电层、底电极、结构层（弹性层）、基底。中间那一段悬空区域被称为振膜，超声波的发射就是由振膜的上下振动挤压空气形成的。因此，PMUT 的工作模态是整个振膜的均匀上下振动，称为 B01 模态，如图 4-2b 所示。和大多数压电执行器一样，PMUT 结构中的压电层工作在 D31 模态。压电层的伸张和收缩带动结构层的形变，从而产生超声波。在 PMUT 中虽然使用的压电材料较多，但是依然是氮化铝（AlN）和锆钛酸铅（PZT）这两种材料有着较为成熟的商业化生产和应用。PMUT 的结构层一般为硅，以绝缘衬底硅（SOI）作为基底生长压电层，用于 PMUT 制造，已经成了一条比较成熟的技术路线。

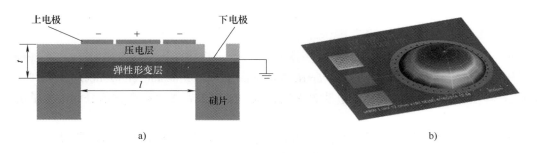

图 4-2　PMUT 的基本结构和振动模态

另一种比较常见的结构是压电双晶片，如图 4-3 所示，双层压电层和三层电极。其优势在于可以不依托于传统的硅基底，实现更大的发射和接收灵敏度。这是一条比较新的技术路线，实验室中压电双晶片的成果可以经常见到，但是最近国外生产商成功推出了基于双晶片的 PMUT 飞行时间传感器，而且已经进入规模量产阶段，从而让压电双晶片结构看到了商业化的前景。

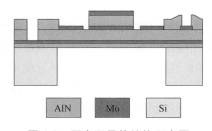

图 4-3　压电双晶片结构示意图

4.1.2　PMUT 器件中的压电材料

压电材料是 PMUT 的核心，压电材料种类繁多，但发展至今，实现大规模应用的并不多，这里重点介绍最主要的几种。需要指出的是，应用于 PMUT 制造的压电材料，是能够晶圆级制造的压电薄膜，而不是使用传统的块体压电陶瓷来做小型化。晶圆级压电薄膜的制造工艺是可以完全和 MEMS 工艺兼容的。

1. AlN

氮化铝（Aluminum Nitride，AlN）是目前应用最广泛的压电材料之一。AlN 具有极低的相对介电常数，商用 AlN 晶圆的相对介电常数可以低至 10 左右。因此 AlN 具有低损耗和高灵敏度的特点，在传感器和谐振器应用中具有较大优势。

AlN 的缺点也十分明显，那就是压电系数低，其横向压电系数 e_{31} 通常不到 $1C/m^2$，纵向

压电系数 d_{33} 仅 5pC/N。这意味着 AlN 对于电能量和机械能量互相转换的能力不足，因此 AlN 不适合做大行程高带载的 MEMS 器件。

对于 PMUT 来说，其既作为发射器件，又作为接收器件的特性，要求压电材料的性能不能过于"偏科"。因此 AlN 相对来说是最适合 PMUT 应用的压电材料。

此外，AlN 最大的优点是成本低、工艺兼容性高，无论是生长成膜还是加工工艺，AlN 都具有相当成熟的技术路线（图4-4）。AlN 可以在硅、二氧化硅、氮化硅等诸多常见衬底上生长，在生长过程中可以作为后续成膜的种子层，也可以作为背部工艺的截止层。

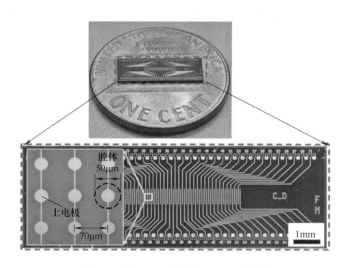

图 4-4　基于 AlN 薄膜的 PMUT 器件

AlN 的问题在于压电系数过低，导致它的应用受限。因此，对 AlN 进行组分掺杂，以提高其压电性能。研究发现，掺 Sc（钪）对 AlN 的性能提升最为明显。ScAlN（掺钪氮化铝）的 d_{33} 最高可以提高 500%，机电耦合系数 η_{eff} 提高 30%，相对介电常数则略微升高。但 Sc 的掺杂比例超过 45%，材料的压电性会迅速下降，整个材料向金属特性方向转变。当然掺杂也有不足之处：一是高浓度的掺杂会在薄膜内部产生较多的缺陷，这些缺陷会捕获自由电荷，集中在金属/AlN 的界面处，宏观上，会使得薄膜的漏电流增大，材料的击穿电压减小；二是成本较高，Sc 的靶材贵。

2. PZT

锆钛酸铅 ［Lead Zirconate Titanate，$Pb(Zr_{1-x}Ti_x)O_3$，PZT］ 是另一种应用非常广泛的压电材料。PZT 的性能优势在于其压电系数高，e_{31} 达到 $-15C/m^2$，d_{33} 达到 300pC/N，d_{31} 可以达到 200pC/N 以上。

PZT 的压电系数都是 AlN 的数十倍以上。对于 PMUT 来说，PZT 可以提供足够大的发射声压，在远距离超声、水下超声等应用中具有较大的发挥空间。而较大的发射信号意味着相对更大的回波信号，在同等工作频率下，基于 PZT 的 PMUT 单元可以获得更强的回波信号，这有利于提高检测精度和轴向分辨率。此外，单纯利用 PZT 的高发射声压，可以用于耳机扬声器、蜂鸣器等发声器件的应用（图4-5）。

图 4-5　基于 PZT 薄膜的 PMUT 阵列

但 PZT 的劣势也十分明显，首先是含铅。随着各国对生态环境保护的力度进一步加强，含有害物质的化学品受到的管控日益严格，含铅陶瓷的使用范围越来越窄是可以预见的。其次，PZT 的相对介电常数特别高，数值通常为 600～2500，这对于以 PMUT 作为接收端的应用来说是非常不友好的。尽管大的压电系数保证了 PMUT 的发射能力，但在检测指标要求高的场合，PZT 的接收灵敏度就无法达到很好的水平了。

3. LNO

铌酸锂（LiNbO$_3$，LNO）的 e_{31} 约 3C/m^2，相对介电常数低于 100。压电性能方面，LNO 和 AlN 各有千秋，但它们的压电系数依然比 PZT 低了一个数量级。

尽管如此，LNO 有三个独有的特点，使其在 AlN 和 PZT 霸占的压电 MEMS 市场中仍留有一席之地。

第一，LNO 是一种高温铁电材料，其居里温度达到了 1210℃。因此，LNO 可以承受住大多数的 MEMS 工艺温度，LNO 的器件在设计时几乎可以不用考虑工艺温度带来的退极化问题。

第二，LNO 具有较高的表面波声速，加上其本身的低介电损耗特性，使得 LNO 在射频 MEMS 中得以广泛应用。在大带宽的 SAW（Surface Acoustic Wave，声表面波）谐振器和滤波器中，LNO 已实现了规模化量产和商业化器件的应用。

第三，LNO 具有电光效应、非线性光学效应等多种优异的光学效应，使其在电光调制器、电光开关等方面的应用独树一帜。

因此，就 LNO 在 PMUT 中的应用，如图 4-6 所示，设计成通过表面波的形式进行激励，以实现较高的灵敏度。

4. KNN

铌酸钾钠（K$_{0.5}$Na$_{0.5}$NbO$_3$，KNN），是目前无铅压电材料里研究的热点。

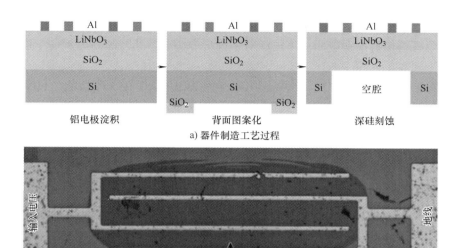

a) 器件制造工艺过程

b) 器件实物图

图 4-6 基于 LNO 材料的 PMUT 器件

PZT 面临的最大挑战是环境问题，因为其含铅。但 PZT 超高的压电系数，使其处于无可替代的位置。近年来，随着对钙钛矿型压电材料研究的深入，KNN 渐渐"浮出水面"。KNN 是众多压电材料中，在压电系数上没有被 PZT 甩开一个数量级的压电材料。因此，KNN 拥有接近 PZT 的压电系数，又不含铅，是 PZT 的理想替代材料。

从表 4-1 可以看出，纯 KNN 的 d_{31} 为 31pC/N，d_{33} 为 70pC/N。但 KNN 也有缺点，除了相对介电常数比较大、机电耦合系数不如 PZT 以外，还存在：温度敏感度高，导致 KNN 器件的频率响应很差；界面效应明显，导致薄膜漏电流很大。但这并不能阻挡 KNN 成为铁电领域的明星材料。KNN 的掺杂种类复杂繁多，一些复杂组分掺杂的 KNN 可以进一步提高其压电系数，并降低材料的温度敏感性。而通过采用同为钙钛矿构型的导电氧化物，例如掺钡（Ba）的锰酸镧（LMO）作为缓冲层和导电层，KNN 薄膜的漏电流情况则得到了极大的改善。

表 4-1 铌酸钾钠材料的压电性能

压电性能	纯 KNN	掺 0.5% Sr 的 KNN	掺 1% Sr 的 KNN	掺 1% Ba 的 KNN	PbNb₂O₆
相对介电常数	400	330	500	580	220
介电损耗	0.02	0.04	0.05	0.035	0.006
横向压电系数 d_{31}(pC/N)	31	30	43	43	
纵向压电系数 d_{33}(pC/N)	70	90	110		100
横向机电耦合系数 k_{31}	0.15	0.15	0.2	0.18	
平面机电耦合系数 k_p	0.25	0.27	0.35	0.32	
厚度伸缩机电耦合系数 k_t	0.38	0.4	0.39	0.39	0.34

5. 其他压电材料

以上压电材料覆盖了大部分的商用压电 MEMS 产品，但薄膜压电材料仍不局限于此。一些薄膜压电材料也有商业应用，不过相对来说十分小众，其产品高度聚焦于该材料的某一方面性能。下面简单介绍一些。

1）钽酸锂（LiTaO$_3$，LTO）。钽酸锂 LTO 和铌酸锂 LNO 在压电性能、化学性质、工艺条件等方面都极为相似，在 MEMS 领域也适合做大带宽的高频谐振器、滤波器和换能器。

2）钛酸钡（BaTiO$_3$，BTO）。钛酸钡 BTO 在工业上的应用其实非常早，且非常广泛，其商业应用非常多。它的压电、铁电性能并不差，但是 BTO 在 MEMS 领域几乎没有见到应用。究其原因，大概是因为其工业制备手段相对成熟和固化，因而在最近十几年，被 AlN 等薄膜 MEMS 工艺弯道超车。此外，变换组分的钛酸基压电材料还有：钛酸铋钠 [（Na$_{0.5}$Bi$_{0.5}$）TiO$_3$，NBT]、钛酸铋钾 [（K$_{0.5}$Bi$_{0.5}$）TiO$_3$，KBT]、钛酸铋锂 [（Li$_{0.5}$Bi$_{0.5}$）TiO$_3$，LBT]、钛酸铋锶 [（Sr$_{0.7}$Bi$_{0.2}$）TiO$_3$，SBT]、钛酸铋钡 [（Ba$_{0.7}$Bi$_{0.2}$）TiO$_3$，BBT] 等。需要强调的是，它们很多并非小众材料，只不过在压电 MEMS 领域没有得到更多的研究和关注而已。

3）铌镁钛酸铅 {[Pb（Mg$_{1/3}$Nb$_{2/3}$）O$_3$]$_{1-x}$（PbTiO$_3$）$_x$，PMN-PT}。这个材料具有奇高的压电系数和相对介电常数，在高压压电换能器、热释电器件中有较多的应用。

以上是 PMUT 中压电材料的简单介绍，虽然看起来种类繁多，但大多数商业应用还是基于 AlN 和 PZT 这两种最为成熟的技术路线。与此同时，也应当看到，即使仅仅在压电材料这一环，可以对 PMUT 性能造成影响的因素也不单单是材料本身的组成。相同的材料，也可以因为压电层厚度、材料生长方式、晶向、极化、工艺过程、材料后处理等，造成最后的 PMUT 器件在性能上的巨大差异。

4.1.3 PMUT 压电器件的应用

1. 距离传感器

测距离是 PMUT 最重要的应用（图 4-7），高频超声波抗干扰能力力强，传播距离远，非常适合测距应用。PMUT 的封装后尺寸都不会超过 10mm，如果使用 PMUT 阵列来做距离监测，小尺寸高密度的排布，不仅可以做到在不超过现有倒车雷达成本的条件下全车无盲区监测，甚至可以完整建立环绕全车的超声成像系统，实现辅助智能驾驶。

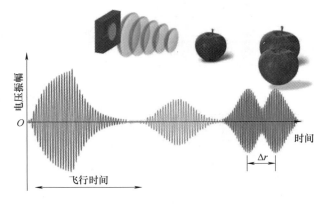

图 4-7 PMUT 测距原理

超声波距离传感器的另一个典型应用就是扫地机器人，扫地机器人的避障检测就是以超声传感器和红外光电传感器相结合来完成的。目前，超声传感器和红外光电传感器在性能和成本上，都没有太大落差，二者共同完成扫地机器人的防碰撞、防跌落、边缘检测等任务。由于成本的问题，现在主流扫地机器人的超声雷达数量都是个位数。因此，扫地机器人的避障检测和寻迹问题依然突出，被卡住、错误判断等问题都是超声雷达检测精度不够高造成的。小体积和高精度使得PMUT可以满足扫地机器人这类需要进一步提高检测分辨率的应用场景，使用户的使用体验得到可以感受到的提升。

2. B超成像

B超成像技术已经非常成熟，医疗领域的手持式B超检测仪可以快速地完成医疗检测。但是其缺点也很明显，被检查者身上需要涂一层很厚的油脂状物质，且诊断时需要B超检测仪来回反复扫，被检查者的体验很差。这些问题的原因在于传统B超检测是扫描成像，由于探头较大，超声检测精度低，传播损耗大，因此需要在皮肤上涂一层声阻抗匹配层，使B超探头和皮肤之间没有空气干扰，减小超声波的能量耗散。而探头来回扫描是因为B超检测仪的探头数量少，无法一次性完成成像，需要多次检测来提高成像分辨率。

如果采用PMUT阵列来对皮肤进行超声成像，采用大阵列全聚焦相控阵成像，PMUT阵列和皮肤之间只需隔一张纸，并且PMUT阵列固定不动，吸气呼气的功夫就完成检测了。其原理就在于PMUT阵列密度大，假如一个8×8的PMUT阵列，每一个振元都单独发射一次超声波，然后每次都由所有64个振元一起接收。这样一次检测就有不同位置不同信号强弱的64张成像图片，再经过图形算法的处理，即可获得一张高精度的B超图像。

3. 血管内超声成像

血管内超声成像（IVUS）为心血管疾病的诊断搭了一条新路。该技术搭载超声探头和微电机，钻进血管内部，成像出血管侧壁的图像，对于因钙化、纤维化等造成的血栓等病变进行诊断。

由于是血管内成像，体积是IVUS（图4-8）的最大限制，因此微机械超声换能器是当前唯一的选择。IVUS有机械旋转成像和相控阵成像，其原理和区别也类似于扫描式和静态式成像。它们的核心都在于体积小，振元密度大，这是只有PMUT才能完成的任务。

4. 固体探伤

固体无损探伤是PMUT在工业领域的一个典型应用，在电网、轨道和化工等领域有着非常广泛而且迫切的需求。现有的检测手段对细微损伤无能为力，很多时候只知道有裂纹，但无法准确知道具体位置、形状尺寸，甚至很多时候检测不到微小损伤。

PMUT的优势在工业无损探伤领域（图4-9）是完全可以超越现有技术的，PMUT阵列全聚焦成像还具有实现3D成像的潜力，包括便携和低功耗在内的需求也都完全可以满足工业领域对无损探伤的要求。

PMUT的缺点就是工业领域定制化程度较高，市场规模不大，商业化潜力有限。

5. 扬声器/传声器

扬声器/传声器准确地说不属于超声波器件，但是由于PMUT的结构可塑性强，产生可听声音的原理也是振膜振动挤压空气。因此，PMUT的应用可以延伸到人耳可听的范围。

由于扬声器只作发射端，传声器只作接收端，当PMUT被用于扬声器/传声器时，对单向性能的要求非常高。因此，当PMUT的工作频率降低到可听声音的范围时，其对信噪比、

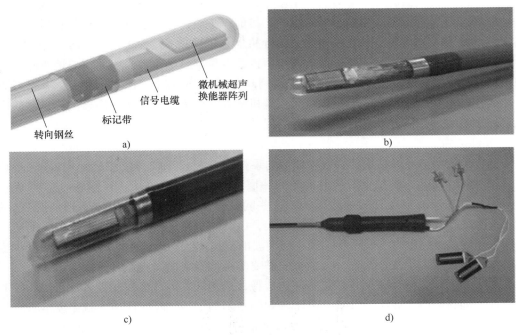

图 4-8　血管内超声成像诊断仪

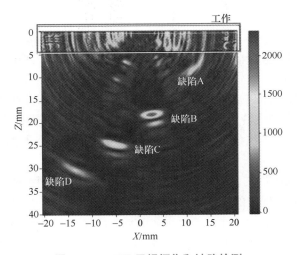

图 4-9　PMUT 无损探伤和缺陷检测

带宽等性能的要求开始凸显。

　　MEMS 扬声器/传声器具有巨大的商业前景，无论是当下热门的 TWS（真无线立体声）耳机，还是智能音箱、智能手机和手环，由于主动降噪、环绕声等功能的需要，MEMS 扬声器和传声器的数量也在呈几何数量增长。

　　PMUT 技术由于刚处于走出实验室到商业化的阶段，因此有着非常大的潜力。作为超声波发射和接收器件的下一代技术，PMUT 有着广阔的商业前景和市场规模。其结构简单，设计灵活度非常高，使得 PMUT 器件可以横跨发声器件、超声器件、射频器件等几大商业应用极为密集的领域。商用器件以 PMUT 为原型的就有扬声器、传声器、飞行时间（TOF）测距模块等经典的基础执行器和传感器，应用覆盖了汽车电子、安防监控、生物医疗、智能家居、电子终端等大面积的场景。

4.1.4　压电电机

压电电机是振动学、波动学、摩擦学、动态设计、电力电子、自动控制、新材料和新工艺等学科结合的新技术。压电电机不像传统电机那样利用电磁感应来获得其运动和力矩，压电电机是利用压电陶瓷的逆压电效应和超声振动来获得其运动和力矩的，将材料的微观变形通过机械共振放大和摩擦耦合转换成转子的宏观运动。在这种新型电机中，压电陶瓷材料盘代替了复杂的铜线圈和铁心。

压电电机与传统电机相比，具有结构灵活、小型轻量、响应速度快、无噪声、低速大转矩、控制特点好、断电自锁、不受磁场干扰、运动准确等优点，另外还具有耐低温和真空等适应太空环境的特点。首先由于重量轻、低速且大转矩，从而不需要附加齿轮等变速结构，避免了使用齿轮变速而产生的振动、冲击与噪声、低效率、难控制等一系列问题；其次它突破了传统电机的概念，没有电磁绕组和磁极，不用电磁相互作用来转换能量，而是利用压电陶瓷的逆压电效应、超声振动和摩擦耦合来转换能量。从而实现了静音、精确、无电磁干扰等优点。可以说压电电机技术处于电机行业最新科技之列。

压电电机作为一种新型的微电机，在轿车电器、办公自动化设备、精密仪器仪表、计算机、工业控制系统、航空航天、智能机器人等领域有着广泛的应用前景。基于压电电机的研究成果，国外已经成功应用于照相机的自动焦距装置、传送装置、自动升降装置、精密绘图仪、微机械驱动器等领域。

1. 光学机器中的应用

压电电机在照相机、摄像机、显微镜等光学仪器的聚焦系统中作为驱动原件，能获得理想的效果。接触式压电电机具有低速大转矩的特点，在许多应用场合中可免去减速装置直接驱动。

最典型的是应用于照相机的自动焦距镜头中，与采用传统电机镜头相比，具有安静、无噪声、定位精度高、调焦时间短、无齿轮减速、结构简单等优点。光学显微镜的自动调焦、显微定位、微纳米计算尺，LCD 等显示平板的生产测试检查，晶片检查定位，消除振动系统，天文观测仪器，自适应光学系统，微型扫描仪，基因处理，微型手术，光学镜面调整等都可以通过运用压电电机来实现理想的效果。

2. 交通工具中的应用

压电电机用于汽车车窗的驱动装置中，可使它体积扁小、低速大转矩的优点发挥得淋漓尽致。它还可用于磁悬浮列车上，为使列车悬浮于轨道上，通过超导电流产生强磁场，需要大力矩和控制性能良好的驱动器，这对于压电电机来说是最适合的。

3. 航空航天中的应用

电机在低温和真空条件下的运行特性对航空航天的发展是极为重要的。压电电机具有结构简单、重量轻、不受磁场干扰、真空下无须润滑的优点，是电磁电机在航空航天领域所不具有的。1995 年末，美国国家航空航天局（NASA）喷气推进实验室将直线压电电机用于多功能爬行系统，该系统用于航天飞船外舱壁的检查，其承载重量与自重比达 10∶1。利用其低速、大力矩和高精度等特点，NASA 用于火星探测器的轻量机械臂上，采用压电电机取代有刷直流电机后，Mars Arm Ⅱ 结构虽与 Mars Arm Ⅰ 相似，但重量减轻了 40%，其主要原因是用压电电机能直接驱动，另外还可大大缩小工作空间，如 NASA 的 Galileo（伽利略）航天器上的滤波齿轮，在使用压电电机前后的尺寸缩小了 75%。由此可见，压电电机以其大转矩、高重量比、快速响应、高精度和断电自锁等特点，将在航空航天等军工领域中受到越来越多的重视。

4. 工业机床中的应用

由于压电电机结构刚度大、定位精度高，它可用于工具驱动与控制装置以及工件的定点传输。如机床的精密进给机构、刀具的磨损调度装置、微细电火花机的加工装置、工件准确定位与装夹、缩紧装置及夹具的快速调整。

5. 医疗与生物学领域中的应用

许多医疗器械，如生物材料微型操作器、计量设备、微型喷嘴、冲击发生器、肾结石破碎治疗机、气管超声扫描器，会产生强磁场或者对电磁场干扰具有严格的要求，而压电电机恰能避免这些问题，所以可以用于核磁共振环境下设备的驱动。

6. 民用产品的应用

由于压电电机的静音、体积小等优点，可用于压缩机的使用上，在家电领域具有广泛的用途。传统的电机驱动由于存在中间环节，不可避免地出现累计误差，而压电电机控制性能好、体积小，可用于精密控制，如电子手表。此外，利用其控制精度高的特点，可用于 IC（集成电路）、LSI（大规模集成电路）等数控机器，印制电路板加工、检测，晶片构建的排列、焊接、封装等。

4.2 热释电材料与器件

当一些晶体受热时，在晶体两端将会产生数量相等而符号相反的电荷，这种由于热变化产生的电极化现象，被称为热释电效应。

通常，晶体自发极化所产生的束缚电荷被来自空气中附着在晶体表面的自由电子所中和，其自发极化电矩不能表现出来。当温度变化时，晶体结构中的正负电荷重心相对移位，自发极化发生变化，晶体表面就会产生电荷耗尽，而电荷耗尽情况正比于极化程度。

能产生热释电效应的晶体称为热释电体或热释电元件。热释电元件常用的材料有单晶（$LiTaO_3$ 等）和压电陶瓷（PZT 等）。

随着红外技术的发展，热释电红外探测器、热释电测温仪、热释电成像仪等已经广泛应用于火焰探测、非接触式温度测量、夜视仪、家电自动控制、工业过程自动监控、安全警戒、红外成像、军事遥感、航空航天空间技术等领域。

4.2.1 热释电红外探测器

热释电红外探测器由滤光片、热释电探测元和前置放大器组成，补偿型热释电传感器还带有温度补偿元件。图 4-10 所示为热释电红外探测器的内部结构。为防止外部环境对器件输出信号的干扰，上述元件被真空封装在一个金属罩内。

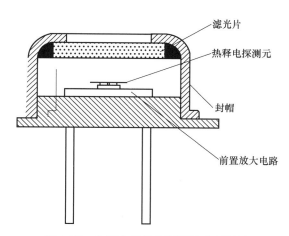

滤光片

热释电探测元

封帽

前置放大电路

图 4-10　热释电红外探测器的内部结构

热释电红外探测器的滤光片为带通滤光片，它封装在探测器壳体的顶端，使特定波长的红外辐射选择性地通过，到达热释电探测元，在其截止范围外的红外辐射则不能通过。热释电探测元是热释电红外探测器的核心元件，它是在热释电晶体的两面镀上金属电极后，加电极化制成，相当于一个以热释电晶体为电介质的平板电容器。当它受到非恒定强度的红外光照射时，产生的温度变化导致其表面电极的电荷密度发生改变，从而产生热释电电流。前置放大器由一个高内阻的场效应晶体管源极跟随器构成，通过阻抗变换，将热释电探测元微弱的电流信号转换为有用的电压信号输出。

热释电探测器利用的正是热释电效应。在探测器监测范围内温度有 ΔT 的变化时，热释电效应会在两个电极上产生电荷 ΔQ，即在两电极之间产生一微弱的电压 ΔU。由于它的输出阻抗极高，在探测器中由场效应晶体管进行阻抗变换。热释电效应所产生的电荷 ΔQ 会被空气中的离子所结合而消失，即当环境温度稳定不变时，$\Delta T = 0$，则探测器无输出。当人体进入检测区，因人体温度与环境温度有差别，产生 ΔT，则有 ΔT 输出；若人体进入检测区后不动，则温度没有变化，探测器也没有输出。所以这种探测器可作为检测人体或者动物的活动传感。

环境温度的变化会影响热释电红外探测器内部组件的特性，使探测器的信号和噪声发生偏移，特别是温度梯度会使探测器的输出信号产生波动，增加输出的不稳定性。温度对探测器内部组件特性的影响主要表现在：

1）当温度低于热释电晶体的居里温度时，热释电系数随温度升高而增大。

2）温度升高，场效应晶体管的门泄漏电流和输入电流噪声会大幅上升，并且共源跨导减小，夹断电压升高。

3）温度升高会导致门电阻的阻值减小，而噪声与门电阻的平方根成反比，因此传感器噪声会随温度升高而增大。

4）温度升高通常会导致滤光片的透射率降低，变化的程度由滤光片的材料和涂层工艺决定。

4.2.2 红外热像仪

不同温度的物体能够发出强弱不同的红外光，红外热像仪能够对这些红外光进行成像，从而突破人眼的可见光观测范围。

红外热像仪一般由以下部件构成：锗透镜过滤掉比红外光束波长短的光学信号并进行聚焦，通过光学斩波器聚焦到热释电阵列上，形成电信号的分布，通过电路系统和视频后处理模块对电信号进行调制，物体的温度分布就可以形象地呈现在显示器上。

非制冷红外焦平面阵列（UFPA）是红外热像仪的核心器件，它由一个个热释电效应晶体管探测器构成，其中的热释电薄膜的极化受红外辐射而变化时，漏极电流也随之发生变化。UFPA 基的红外热像仪已经广泛应用于工业监测探测、战场侦察监视探测与瞄准、红外搜索与跟踪、消防与环境监测、医疗诊断、海上救援、遥感等领域。

4.2.3 电卡制冷

热释电效应的逆过程即电卡效应，在热释电材料上施加电场，极化强度的改变会导致温度的升高或降低。

热释电材料能够实现电卡循环制冷，一个循环包括四个步骤：①绝热极化，绝热条件下对热释电材料施加电场极化，偶极子有序排列，熵值减小，温度上升；②等电位熵转移，保持电场以防止偶极子退极化，将热释电材料与环境接触，温度降低；③绝热退极化，即绝热条件下将热释电材料与散热片断开，撤去电场，偶极子重新杂乱无序排列，热熵转变为偶极子熵，自身温度降低；④等电位熵转移，零电场下，将热释电材料与环境接触，此时温度低于环境温度，从环境中吸收热量升温。完成一次电卡循环，将热量转移到环境中实现制冷。

为了得到较大的等温熵变和绝热温变，电卡制冷材料需要有较大的热释电系数和较高的抗电击穿场强。相比于传统的制冷方式，电卡制冷具有不排放氟利昂等有害物质、循环效率高、轻便无噪声、易于集成等优点，在可穿戴热管理、芯片热管理、航天器热控等方面有着巨大的应用潜力。

4.3 铁电材料与器件

铁电材料（Ferroelectric Materials）是一种具有自发极化，即在无电场存在的情况下，晶胞结构中使正/负电荷中心分离形成电偶极的材料。铁电材料中，自发极化的电偶极方向并不一致，但在某一个特定区域内，各晶胞的自发极化方向相同，这个特定区域称为铁电畴（Ferroelectric Domains）。铁电畴的极化方向和强度各不相同，在整个材料中随机分布，相互抵消后，整体的铁电材料并没有极化的现象。对铁电材料施加电场后，每个铁电畴的极化方向会趋于一致，并达到饱和极化值（P_s）。当电场超过正的矫顽电场（$+E_c$）或低于负的矫顽电场（$-E_c$）即可改变铁电材料的电偶极方向。当外加电场移除后，铁电材料内仍会有剩余的极化量存在（P_r）。

铁电材料具有特殊的磁电效应，在电场、磁场、热场或光场激励时，其晶格结构发生变化，产生极化电荷并形成电场。铁电材料的介电常数比普通电介质大几倍甚至几十倍以上，且随着外加电场的增加而增大；电阻率很高，能够保持高电位；响应速度快，功耗低。铁电器件有磁电传感器、铁电存储器、超声波换能器、铁电光电子器件等。其中，铁电存储器以其高速读取、大容量存储、耐久性的优势成为当前研究热点，在计算机、通信设备、军事制品、医疗器械、家电制品等领域有着广阔的应用前景。

4.3.1　铁电存储器中的铁电材料

随着计算机技术的进步，对非易失性存储器的需求越来越大，其读写速度要求越来越快，功耗也越来越符合用户的要求。传统的主流半导体存储器可分为易失性和非易失性两大类。易失性存储器包括静态随机存取存储器（SRAM）和动态随机存取存储器（DRAM）。SRAM 和 DRAM 在断电时都会丢失保存的数据。虽然 RAM 易于使用且性能良好，但它的一大缺点是数据丢失。非易失性存储器在断电的情况下不会丢失存储的数据，因为所有主流的非易失性存储器都源自只读存储器（ROM）技术。ROM 技术开发的所有存储器都难以写入数据，包括 EPROM（可擦编程只读存储器）、EEPROM（电可擦编程只读存储器）和 Flash（闪存）。而且这些存储器不仅写入速度慢，而且只能擦除和写入有限的次数。铁电存储器兼容 RAM 的所有功能，是一种类似于 ROM 的非易失性存储器。换句话说，铁电存储器弥补了这两种存储类型之间的差距，是一种非易失性 RAM。与传统的非易失性存储器相比，它以其功耗低、读写速度快、抗辐照能力强等优点备受关注。表 4-2 是几种常见存储器的性能比较。

表 4-2　几种常见存储器性能比较

存储器类型	FRAM	EEPROM	Flash	SRAM
记忆类型	非易失性	非易失性	非易失性	易失性
数据写入方法	覆盖式写入	字节单元擦除+写入	扇区单元擦除+写入	覆盖式写入
数据写入周期时间	150ns	5ms	10μs	55ns
读写耐久性	10^{13}	10^6	10^5	无限次
电荷泵电路	不需要	需要	需要	不需要
数据保护后备电池	不需要	不需要	不需要	需要

用于铁电存储器的理想铁电材料需要满足以下特性：介电常数小；合理的自极化（$5\mu C/cm^2$）；居里温度高（超出器件的存储和工作温度范围）；厚度薄（亚微米），以使矫顽场 E_c 更小；具有一定的击穿场强；内部切换速度要快（纳秒级）；数据保持能力和持久能力好；能够抵抗辐射；良好的化学稳定性；加工均匀性好，易于集成到 CMOS（互补金属氧化物半导体）工艺中；对周围电路无不良影响，污染小。

目前主流的铁电材料主要有两种：锆钛酸铅（$PbZr_xTi_{1-x}O_3$，PZT）和钽酸锶铋（$Sr_{1-y}Bi_{2+x}Ta_2O_9$，SBT）。PZT 是研究最多和应用最广泛的。它的优点是可以通过溅射和 MOCVD（金属有机气相沉积）在较低温度下制造，具有剩余极化大、原料便宜、结晶温度低等优点。它的缺点是疲劳退化问题，并导致对环境的污染。这些材料的薄膜沉积过程非常具有挑战性。而且这些材料极高的相对介电常数（约300）是它们集成到晶体管中的一大障碍。此外，钙钛矿薄膜的铁电性在厚度低于某个临界值后会急剧劣化，第一原理计算预估6个晶胞为钙钛矿铁电材料的临界值，这使得存储器尺寸无法缩小，存储器密度无法有效提高，因此以 PZT 为主的铁电存储器仅在半导体存储器市场占有极小的比例。

2011 年首次发现以 Si 掺杂的 HfO_2 具有铁电特性后，这种具氟石结构的氧化物（如掺杂的 HfO_2 或 HfO_2/ZrO_2 固溶体）引起了学界与业界高度的瞩目。相较于传统的钙钛矿铁电材料，这种铁电层的主要优点不仅在于材料与制程完全相容于现有先进制程技术，更重要的是，在 10nm 等级的厚度下，HfO_2 为基础的铁电层仍保有铁电性。2020 年的研究更发现，基于 HfO_2 的铁电层厚度微缩至 1nm，自发极化与可改变极化方向的现象仍可持续出现。这意味着具有铁电性的 HfO_2 薄膜并无微缩的临界值，微缩厚度甚至可强化极化形变，对于以极化驱动的存储器元件有相当优异的发展优势。

表 4-3 是 PZT 与 HfO_2 铁电层的特性比较，一个值得注意的数值是 E_c，两者存在着高达 20~40 倍的显著差异，这与铁电存储器的效能、可靠度有高度的关联性。

表 4-3 PZT 与 HfO_2 铁电层的特性比较

特性	$Pb(Zr_xTi_{1-x})O_3$（PZT）	HfO_2铁电薄膜
膜厚/nm	>70	5~30
退火温度/℃	>600	450~1000
剩余极化强度 $P_r/\mu C/cm^2$	20~40	1~45
矫顽场强 $E_c/kV/cm$	≈50	1000~2000
击穿场强 $E_{BD}/MV/cm$	0.5~2	4~8
E_c/E_{BD}（%）	2.5~10	12.5~50
介电常数	≈1300	≈30

虽然早期的铁电存储器大多是采用基于钙钛矿族的 PZT 来制作，由于该材料本身的压电特性复杂及制程上保形沉积困难等限制，其产品应用仅局限于利基市场。而近年来，随着常见半导体材料 HfO_2 被发现具有铁电特性，且该材料的应用制程复杂度低、成本上更具优势，为铁电存储器带来了新的产业发展契机。

4.3.2 铁电存储器

铁电存储器（FRAM），也称为 FeRAM 或 F-RAM，是一种读写速度快的随机存取存储器，结合了断电后数据保留的能力（如只读存储器和闪存）。它不像 DRAM 和 SRAM 那样密集，无法在相同的空间中存储尽可能多的数据。因此，它无法取代 DRAM 和 SRAM 技术。然而，它可以在非常低的功率条件下快速存储数据，所以被广泛用于消费者的小型设备，如个人数字助理（PDA）、移动电话、电表、智能卡和安全系统。

铁电材料应用于存储器主要分为三种存储单元结构，如图 4-11 所示，包括一个电晶体与一个铁电电容所组成的 Ferroelectric RAM（FeRAM）、单一电晶体形式的 Ferroelectric FET（FeFET，Fe 场效应晶体管）与上／下电极包覆铁电薄膜的 Ferroelectric Tunnel Junction（FTJ，铁电隧道结）。

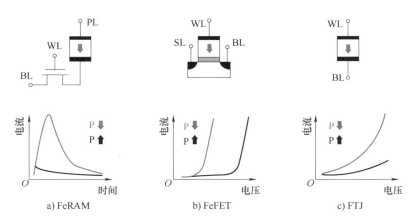

a) FeRAM　　　　　　　b) FeFET　　　　　　　c) FTJ

图 4-11　不同结构的铁电存储器与对应读取电流示意图

1. FeRAM 存储器

早在 19 世纪四五十年代 BTO 与 PZT 等钙钛矿结构的铁电层被陆续提出，这是 FeRAM 的雏形。如图 4-11a 所示，FeRAM 存储单元由一个电晶体与一个铁电电容所组成，与现有主流的 DRAM 存储单元结构类似，其中铁电电容是由金属上电极／铁电材料／金属下电极所构成。此存储单元结构中，铁电电容的下电极电压透过电晶体由位元线（Bit Line，BL）所控制，而上电极电压则由金属板线（Plate Line，PL）所决定，上电极／下电极的电压极性与差异即可改变铁电电容内电偶极的方向。

假设电偶极方向朝上是逻辑"1"，朝下是逻辑"0"，欲写入逻辑"0"资料至铁电电容，可在电晶体开启的情况下，对 BL 与 PL 分别施加 0V 与高电压（如 V_{cc}）。反之，则可写入逻辑"1"资料。欲读取资料，则可以在 BL 与 PL 两处分别施加 0V 与 V_{cc}。若储存于铁电电容的资料是逻辑"1"，则电偶极会转变方向而成为逻辑"0"并产生转换电流，继而对 BL 充电，使 BL 电压提高。反之，若储存于铁电电容的资料是逻辑"0"，则电偶极方向保持不变，BL 电压几乎没有改变。通过测量 BL 电压的数值高低即可判断铁电电容储存的资料是逻辑"1"还是逻辑"0"。然而不论原来储存的资料为何，一旦经过读取的过程，所有的资料都会转换成逻辑"0"，是一种明显的破坏性读取，因此必须在读取资料后再写入正确的资料。

基于 PZT 铁电材料的商用型 FeRAM 存储器写入资料的速度约在数十 ns 量级，具有长达 10 年的资料（极化）保存能力，且反复操作耐受力可高达 10^{15} 次。值得注意的是，铁电电容的资料保存能力与去极化电场的大小有密切关系。理想的情况下，铁电层极化时，电极上所诱发电荷 Q 可以完全补偿铁电层内的极化量 P，在此情况下，铁电层内部的电场为零。然而实际的电极并非理想导体，因而导致 Q 与 P 之间不平衡并造成铁电层内的电场，即所谓的去极化电场。去极化电场越大则会使铁电层内的极化程度随时间衰减，极化保存能力劣化。去极化电场是无可避免的，所幸 FeRAM 存储器的铁电电容是以金属作为电极，去极化电场较小，因此仍能达成优异的资料保存能力。

若以 HfO_2 铁电层制作 FeRAM，与 PZT 相比，其较高的 E_c 也更能抵抗去极化电场的影响。FeRAM 是依赖铁电层的电偶极方向来储存资料，而非 DRAM 以电荷储存资料，没有电荷流失的问题，因此无需进行周期性的资料更新。由于资料的储存与电荷无关，当面对辐射所引发的电流及可能的资料破坏时具有更高的免疫力，因此也常应用于太空任务与核子医学仪器所需的电子设备。另外，FeRAM 属于非挥发性存储器，与 DRAM 挥发性存储器的特性有相当大的属性差异。

2. FeFET 存储器

19 世纪 50 年代后期以 BTO 铁电层发展出了第一个 FeFET 存储器，时至今日，FeFET 存储器的存储单元是以单一电晶体架构为主的，如图 4-11b 所示，制程上仅需将制作 MOSFET 电晶体的闸极介电层以铁电材质取代即可。

对于 N 型通道 FeFET 存储器而言，欲写入资料可在闸极施加高于 $+E_c$ 或低于 $-E_c$ 的电场。施加高于 $+E_c$ 的电场可使电偶极方向朝下，在通道形成强反转状态，此时元件呈现低临界电压（U_t）状态，或称逻辑"1"状态。反之，施加低于 $-E_c$ 的电场，则使元件呈现高临界电压状态，或称逻辑"0"状态。逻辑"1"或"0"所对应的 U_t 差异称为记忆视窗，越大的记忆视窗意味着越容易区分逻辑"1"或"0"的差异。当一个存储单元仅储存 2 种 U_t 状态（如逻辑"1"与"0"），即表示可以存放 1bit 的资料。若记忆视窗增加，则代表在此范围内可以容许其他不同的状态，能够区分 4 种 U_t 状态则表示可以存放 2bit，目前已有文献报道 FeFET 存储器可以实现存放 3bit。

FeFET 存储器可采用不同的闸极电压调整电偶极的转向程度，继而控制通道内的载子数量，达到实现不同 U_t 的目标。这种以单一存储单元即可储存 2bit 或 3bit 的情况，类似 NAND Flash（与非型闪存）存储器技术的多层式储存与三层式储存的概念，可以降低制造成本，大幅提升存储器密度。

理论上 FeFET 存储器所能够达到的记忆视窗约可表示成 $2t_f \times E_c$，其中 t_f 为铁电层厚度，E_c 为矫顽电场。由于传统钙钛矿铁电材料（如 PZT）的 E_c 较小，欲实现较大的记忆视窗，势必要沉积较厚的铁电层厚度，这也是 PZT 材料应用于 FeFET 存储器无法微缩的瓶颈之一。反观 HfO_2 铁电材料，较大的 E_c 则可允许以较薄的厚度实现所需的记忆视窗，对于 FeFET 存储器的发展有相当大的助益。

FeFET 存储器的效能评估除了记忆视窗外，操作速度与资料保存能力也相当重要。对基于 HfO_2 铁电层的 FeFET 存储器而言，其写入资料的时间大约在 10 ns 量级且拥有优异的资料保存能力。值得注意的是，FeFET 存储器的铁电层是沉积在半导体之上，而非 FeRAM 的铁电电容其铁电层是沉积于金属之上，因此前述的去极化电场在 FeFET 存储器会更加明显。所幸 HfO_2 铁电层的 E_c 约为 1~2MV/cm，可以有效抵抗去极化电场的反向效应，故仍能保有极为优异的资料保存能力。

3. FTJ 存储器

FTJ 存储器的结构相对简单，如图 4-11c 所示，为铁电层被上/下电极所包覆的"三明治"结构。铁电层极化量方向可调变势垒高度，由于隧穿电流与势垒高度之间呈指数函数关系，因此可进而改变隧穿电流大小并引发隧穿电阻，形成高电阻与低电阻间的转换。

目前大多数报道的 FTJ 存储器操作电压可在 4V 以下，操作耗时介于 10~100ns 之间，具备低写入功耗与非破坏性读取等优点，明显优于传统的 Flash。另外，FTJ 存储器高/低电阻比例（TER Ratio），或称 ON/OFF 比例，大概介于 10%~100% 之间。通常增加铁电层厚度有助于提高 TER Ratio，不过这会使得导通电流与读取电流下降，读取时间增加。

FTJ 存储器目前仍然处在非常初期的开发阶段，对于阵列结构下的寄生电流的抑制以及高/低电阻的统计分布相关分析仍有待进一步研究。尽管 FTJ 存储器具有成为下世代存储器的高度潜力，不过以现阶段而言，低电流密度限制了读取资料的速度，因此比较适合应用于内存内计算中的大量平行运算。

4.4　工程案例

PZT 促动器主要分 3 类：低电压、高电压和环形促动器。虽然也有块体式促动器，但是现在大多数促动器采用堆栈设计。

低电压促动器的工作电压一般低于 200V。这些器件是一体式堆叠器件，即堆叠结构是通过烧结而不是逐层胶粘形成的。虽然有多种尺寸，但是这种促动器一般是中小型器件，一般是矩形。它们的电容在几微法（μF）量级，一般弹性模量较大。这种促动器便宜，可以大批量销售，非常适合精密驱动应用。由于尺寸较小，它们产生的力也有限。

高电压促动器的工作电压一般高于 500V。不同于低电压促动器，这些高电压促动器不是一体式的。这种堆叠结构是将单个成品 PZT 晶片和电极通过胶粘形成的。这些促动器通常呈圆柱形，对于标准应用，尺寸远大于低电压促动器。这些器件的电容在数百 nF 量级，弹性模量小于低电压器件。横截面积大意味着这些压电器件产生的力比低电压促动器更大，而且能承受更高的温度。

环形促动器是中空圆柱形堆栈器件。它们的性能和可靠性相比实心（块体）促动器更有优势。压电器件性能降低或永久损伤的一个重要原因是热量。因为 PZT 是陶瓷，所以导热能力很差，从而降低了寿命和可靠性。环形促动器因为表面积显著增大，所以散热更快。由于具有更高效的散热能力，这些促动器能够以更高的非共振频率使用，不用担心热致损伤。此外，环形堆栈结构还具有几何结构优势。对于相同体积的 PZT 材料，环形几何结构的半径大为增加，因此机械稳定性更高，而且不会提高电容。

PZT 促动器生产过程如图 4-12 所示。第一步是根据促动器的要求（尺寸、位移、驱动电压等）选择正确的压电材料。对于多层器件，使用专为堆栈式 PZT 器件设计的银/钯浆料和掩模通过网版打印内部电极。陶瓷层和互联的内部电极组装好后，将其放在等静压机中。这个过程能够增加 PZT 器件的密度，提高机械性质和工作能力。然后将 PZT 切成小块并进行排胶。PZT 在设计好的热循环中通过蒸发完全除去陶瓷中的黏合剂和残留溶液。这样能帮助消除不同批次间的性能差异和缺陷，提供整个生产过程的可靠性和可重复性。

压电器件排胶后进行烧结。烧结过程在不熔化陶瓷主体的情况下使材料熔合在一起，晶体形成并生长到最佳密度。为实现优异的尺寸公差，采用高精密研磨机将平移方向上的尺寸公差控制在 5μm 以内。然后，清洁器件并将其转变为具有压电功能的器件。为此，通过网版将外部电极印刷到器件上，随后开始烧银处理。烧银工艺需要 8~12h，增强银电极与陶瓷间的黏合性。

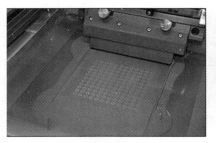
a) 网版印刷银电极

b) 将PZT切成小块

c) 研磨机上的PZT器件

d) 试验台上的压电器件

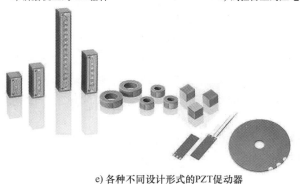
e) 各种不同设计形式的PZT促动器

图 4-12　PZT 促动器生产过程的主要工艺和产品示意图

　　此时，这些器件确切来说不是压电器件，因为烧结的 PZT 陶瓷是各向同性的。为了将陶瓷转变成压电器件还要经过极化过程，通过电极给器件施加强电场，以此激活压电性质。这些新形成的压电器件还要单独测试电容、耗散因子、共振频率、阻抗、漏电、行程和压电电荷常数 d_{33}。因此需要全面控制电极的整个制造和测试过程，才能够为压电应用提供灵活性和专业技术。

思　考　题

1. 简述压电蜂鸣片陶瓷振子的振动模式及工作原理，画出陶瓷振子与金属片结构示意图。
2. 简述 455E 压电陶瓷振子的振动模式及工作原理，画出阻抗与频率关系图。
3. 简述非挥发性铁电随机存取存储器的工作原理。

参 考 文 献

［1］　ROBICHAUD A, CICEK P-V, DESLANDES D, et al. Frequency Tuning Technique of Piezoelectric

Ultrasonic Transducers for Ranging Applications [J]. Journal of Microelectromechanical Systems, 2018, 27 (3): 570-579.

[2] CHEN X, CHEN D, LIU X, et al. Transmitting Sensitivity Enhancement of Piezoelectric Micromachined Ultrasonic Transducers via Residual Stress Localization by Stiffness Modification [J]. IEEE Electron Device Letters, 2019, 40 (5): 796-799.

[3] KAZARI H, KABIR M, MOSTAVI A, et al. Multi-Frequency Piezoelectric Micromachined Ultrasonic Transducers [J]. IEEE Sensors Journal, 2019, 19 (23): 11090-11099.

[4] JUNG J, LEE W, KANG W, et al. Review of Piezoelectric Micromachined Ultrasonic Transducers and Their Applications [J]. Journal of Micromechanics and Microengineering, 2017, 27 (11): 113001.

[5] WANG Q, LU Y P, MISHIN S, et al. Design, Fabrication, and Characterization of Scandium Aluminum Nitride-Based Piezoelectric Micromachined Ultrasonic Transducers [J]. Journal of Microelectromechanical Systems, 2017, 26 (5): 1132-1139.

[6] YUN Y, BURAGOHAIN P, LI M, et al. Intrinsic Ferroelectricity in Y-doped HfO_2 Thin Films [J]. Nature Materials, 2022, 21: 903.

[7] LEE H-J, LEE M, LEE K, et al. Scale-Free Ferroelectricity Induced by Flat Phonon Bands in HfO_2 [J]. Science, 2020, 369: 1343.

第5章
热电转换材料与器件

　　进入 21 世纪后，伴随着工业化的高速发展，对于能源需求日益增长，人类过度的开采和使用化石燃料，导致能源和环境危机加剧。另一方面，根据美国能源部对初级能源消耗的估算，超过 55% 的能源最终以废热的形式被释放到环境中。研究废热再利用，对于提高能源的使用效率、减少对化石类能源的依赖以及缓解二氧化碳排放所引起的温室效应具有重要意义。因此，发展可再生能源和提高能源利用效率已成为未来社会的必然选择。

　　热电转换技术利用固体中载流子的传输实现热能与电能之间的相互转换（图 5-1），能够显著提高能源的利用效率。由于热电转换材料制备而成的热电器件具有体积小、重量轻、易集成、无运动部件、无噪声、维护成本低、安全稳定性高且不排放有害物质等优点，表明了热电转换技术可以作为一种新的能源利用技术来缓解目前人类社会所面临的能源危机和环境污染问题。基于热电转换的材料，有着悠久的研究历史，其主要被应用于温差发电及热电制冷两个方面。当前，在已知的热电器件中，大部分的转换效率在 6%~8%，而传统热机的转换效率在 40% 左右。热电器件因为较低的转换效率，限制了热电转换材料的市场化应用。在近十年间，热电转换材料领域取得了高速的发

图 5-1　废热转化电能示意图

展，性能得到了巨大提升，获得了很多的研究成果，合成了多种具有优异性能的热电转换材料。例如，可穿戴的温差发电设备、车载冰箱、冷饮机、医疗设备等。总而言之，新一代的热电转换材料领域会引发更广泛的探索，使其成为解决能源危机的有前途的解决方案之一，为人类社会的发展做出巨大贡献。

　　经过长期的研究，如今基于热电器件的热电转换技术逐渐出现在社会生产生活的各个方面，主要包括温度检测、热电制冷及温差发电三个方面。在温度检测方面，利用热电效应制成的温度传感器（热电偶），具有测试范围广、灵敏度高、寿命长等优点，被广泛用于各类温控设备当中。在热电制冷方面，由热电材料制成的车载冰箱、冷饮机等为人们的生活提供了许多便利。除此之外，随着大数据和信息化产业的急速发展，集成电路和电子器件的应用

逐渐小型化、精密化，但随之带来的局部发热严重的问题也逐渐显现，热电制冷技术能够实现微区制冷和电热管理，对于相关信息产业有重要意义。在温差发电方面，以放射性同位素衰变辐射作为热源的热电电池是目前宇宙深空探索的唯一电力来源，这类供电装置也可广泛用于航空航天、深海极地、军事设施、医疗器械和精密仪器等领域。在热能转换为电能方面，热电器件在收集汽车尾气废热、工业废热、太阳能辐射等方面的应用有巨大的潜在价值。目前在全球的工业生产中，能量的利用效率在30%～40%，剩余的能量大多都以热损耗的形式消散。近年来，国内外投入大量资金和人员来开发高性能的新型热电材料和高效热电转换技术，这足以说明热电转换技术蕴含的巨大潜力。

5.1 热电转换效应

5.1.1 塞贝克（Seebeck）效应

热电转换材料与器件

在1821年，德国科学家塞贝克（T. J. Seebeck）在实验中发现，不同的两种导体相互接触串联组成回路，当在金属两端存在温度梯度时，会导致磁针偏转，这是由于接触端存在温差形成电流，从而生成磁场影响磁针。这个效应被称为塞贝克效应（Seebeck Effect）。

两种导电类型分别为 P 型与 N 型的导电材料连接时，在两个接头材料 1 和 2 施加不同温度即 T_1 与 T_2，会产生温差电动势 ε，也称之为塞贝克电动势。当 T_1 大于 T_2 时，电动势 ε 产生的电流方向如图 5-2 所示呈逆时针方向；反之 T_1 小于 T_2，电流方向则呈顺时针方向。电动势 ε 的大小与温差 $\Delta T = T_2 - T_1$ 呈正相关，由塞贝克效应产生的塞贝克电动势可以如下式表示：

$$\varepsilon = S_{12}(T_2 - T_1) \tag{5-1}$$

式中，T_1 和 T_2 分别代表接头材料 1 和接头材料 2 的温度；S_{12} 为常数，定义为两种导体的相对塞贝克系数，即

$$S_{12} = \frac{\varepsilon}{\Delta T}(\Delta T \rightarrow 0) \tag{5-2}$$

其单位是 V/K。由于这个数值通常情况下很小，故一般常用的单位是 μV/K。

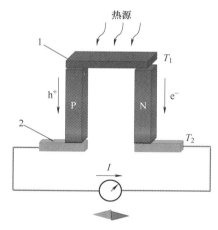

图 5-2 塞贝克效应示意图

电动势 ε 的正负取决于温度梯度的方向和构成回路的两种导体的特性，由式（5-1）可知，塞贝克系数也有正负。通常规定电流从温度高接头流向温度低接头，即从接头材料 1 流入接头材料 2，其塞贝克系数 S_{12} 为正；反之则为负。显然，塞贝克效应物理解释为：产生塞贝克效应的主要原因是热端的载流子往冷端扩散的结果。如图 5-3 所示，P 型半导体，由于其热端空穴的平均动能较高，则空穴便从高温端向低温端扩散；在开路情况下，就在 P 型半导体的两端形成空间电荷（热端有负电荷，冷端有正电荷），同时在半导体内部出现电场；当扩散作用与电场的漂移作用相互抵消时，即达到稳定状态，在半导体的两端就出现了

由温度梯度所引起的电动势——温差电动势。因此，N 型半导体的温差电动势的方向是从低温端指向高温端（塞贝克系数为负）；相反，P 型半导体的温差电动势的方向是高温端指向低温端（塞贝克系数为正）。利用温差电动势的方向即可判断半导体的导电类型。

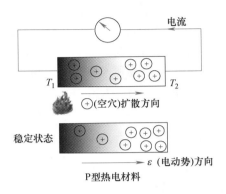

图 5-3　塞贝克效应原理图

除了作为温度传感器（热电偶）外，塞贝克效应还可以用于温差发电领域。

温差发电技术的研究起始于 20 世纪 40 年代，由苏联研制成功，发电效率仅为 1.5%～2%。此后一些特殊领域对电源的需求大大刺激了温差发电技术的发展，并于 20 世纪 60 年代达到高峰，成果包括成功地在航天器上实现了长时发电。美国能源部的空间与防御动力系统办公室称温差发电是"被证明为性能可靠、维修少、可在极端恶劣环境下长时间工作的动力技术"。温差发电是一种全固态能量转换方式，无须化学反应或流体介质，可由热源释放的热能转化为电能，例如工业生产排放的废热余热、汽车尾气的余热、地热、太阳能热甚至燃气炉灶的余热等都可以作为温差发电器件的热源。在发电过程中具有无噪声、无磨损、无介质泄漏、体积小、重量轻、移动方便、使用寿命长等优点，从而其后期维护成本几乎是零。以上因素使得温差发电技术成为热门的研究方向。

106

5.1.2　珀尔帖（Peltier）效应

在 1834 年，法国科学家珀尔帖（C. A. Peltier）在实验过程中发现，在导体接通的回路中通入电流时，导体的节点附近出现放热或吸热的现象。这种现象被称为珀尔帖效应。

珀尔帖效应示意图如图 5-4 所示，当两个半导体间有电流时，其接头材料 1、2 就会产生放热或吸收热量。珀尔帖效应的主要现象是电能可以直接转化为热能，并且通过改变电流的方向也会导致吸热或放热发生相应的改变。实验表明，单位时间吸收或者放出的热量与电流强度成正比，因此，当电流从接头材料 1 流向接头材料 2 时，在 1-2 接头处单位时间释放（吸收）的热量可以表示为

$$\frac{\mathrm{d}Q}{\mathrm{d}t} = \pi_{12}I \tag{5-3}$$

式中，π_{12} 为接头材料 1 和接头材料 2 的珀尔帖系数之差，为相对珀尔帖系数，其单位为 V；t 表示时间；I 为电流。

对珀尔帖效应的物理解释是：如果电流是从金属流入 P 型半导体，如图 5-5 所示，假定接触面处为非整流的欧姆接触，即平衡时金属和半导体的费米能级 E_F 等高，由于 E_F 比价带顶 E_V 高，因此空穴至少要吸收 E_F-E_V 的能量才能通过界面。如果进入半导体后，空穴要在价带中传输还需要能量 E，所以空穴要通过界面必须吸收 E_F-E_V+E 的能量。反之，当空穴从 P 型半导体流入金属时，空穴必须放出 E_F-E_V+E 的能量。因此，电流的方向会对珀尔帖系数产生决定性影响。从金属流入 P 型半导体（电子从能级低的导体流向能级高的导体）时为吸热状态，相对珀尔帖系数为负；如果电流相反，则为放热状态，相对珀尔帖系数为正。

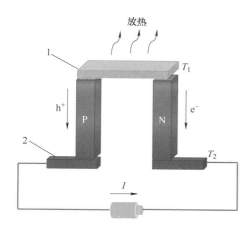

图 5-4　珀尔帖效应示意图

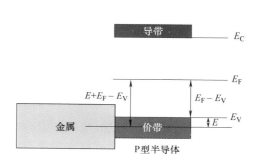

图 5-5　珀尔帖效应能带示意图

热电制冷器件（又称半导体制冷片）是基于珀尔帖效应制作的半导体器件，它的功能和带压缩机的热泵相同，既可以用于制热，也可以用于制冷。热电制冷器件就是一个热传递的工具，只要被冷却的物体的温度高于设定的温度，热电制冷器件便开始发挥作用从被冷却物体吸热，从而起到制冷的作用。目前珀尔帖模块主要用于制冷，可应用于电泳仪、冷热两用箱、红外探测仪和饮水机等。如今，半导体制冷技术的发展与应用已经愈发成熟，随着科技与经济的进一步发展，这项技术必将发挥出更为重要的作用。

5.1.3　汤姆逊（Thomson）效应

1855 年，汤姆逊（W. Thomson）在理解塞贝克效应理论和珀尔帖效应理论以后，结合热动力学理论，揭示了塞贝克效应在物理上与珀尔帖效应的内在联系。提出在匀质导体材料中必然存在第三种效应，即当电流通过一个存在温度梯度的均匀导体时，在这段导体上除了生成不可逆转的焦耳热之外，还会产生可逆热量的吸收或放出。这种效应称为汤姆逊效应。

假设流过一个均匀导体的电流为 I，施加于电流方向上的温差为 $\Delta T=T_h-T_c$，如图 5-6 所示，则在这段导体上的吸（或放）热速率为

$$q=\beta I\Delta T \tag{5-4}$$

式中，β 为比例常数，定义为汤姆逊系数，即

$$\beta = \frac{q}{I\Delta T} \tag{5-5}$$

单位为 V/K。若导体吸热，电流方向与温度梯度方向一致时，则汤姆逊系数为正，反之则为负。汤姆逊效应的原理与珀尔帖效应相似，但差异在于珀尔帖效应中产生的电势差是由两个不同导体中的载流子势能差所引起的，而汤姆逊效应中的电势差是由同一个导体中载流子的温度差导致的。与前两种效应相比，汤姆逊效应在热电转换过程中对能量转换产生的贡献很小，通常忽略其在热电器件的设计及能量转换分析中的影响。

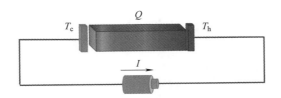

图 5-6 汤姆逊效应示意图

5.1.4 热电效应之间的关系

塞贝克效应、珀尔帖效应和汤姆逊效应都是导体的本征性质，且三者存在相互关联。汤姆逊运用热力学理论，将塞贝克系数、珀尔帖系数和汤姆逊系数在数学上建立起联系，实现热电领域内三大热电效应的有效结合，即

$$S_{AB}T = \pi_{AB} \tag{5-6}$$

$$\frac{dS_{AB}}{dT} = \frac{\beta_A - \beta_B}{T} \tag{5-7}$$

式（5-7）称为开尔文关系式，上述关系式的正确性已经在许多热电材料中得到证实，因此在实际应用中一般认为它们适用于所有材料。

5.1.5 热电转换效率

评价热电器件的性能好坏直接由转换效率决定。热电温差发电器的最大能量转换效率为

$$\eta_{max} = \frac{T_h - T_c}{T_h} \frac{\sqrt{1 + Z\overline{T}} - 1}{\sqrt{1 + Z\overline{T}} + \frac{T_c}{T_h}} \tag{5-8}$$

热电固态制冷的最大功率为

$$P_{max} = \frac{T_h - T_c}{T_h} \frac{\sqrt{1 + Z\overline{T}} - \frac{T_h}{T_c}}{\sqrt{1 + Z\overline{T}} + \frac{T_c}{T_h}} \tag{5-9}$$

式中，T_h 是热电器件的高温端温度；T_c 是热电器件的冷温端温度；$(T_h - T_c)/T_h$ 为卡诺循环

极限效率；Z 为表征热电材料性能的品质因子，单位为 K^{-1}；$\overline{T}$ 是材料两端的平均温度。从式（5-8）、式（5-9）可知，热电器件的 η_{max} 和 P_{max} 与无量纲参数 ZT 密切相关，热电材料的性能越好则 ZT 越大，故 ZT 被定义为热电优值，计算式为：

$$ZT = \frac{S^2\sigma}{\kappa}T \tag{5-10}$$

式中，σ 为材料的电导率；κ 为材料的热导率。$S^2\sigma$ 又称为热电材料的功率因子，表征热电材料的电子传输性质，由符号 PF 表示；热导率一般由晶格热导率 κ_1 和电子热导率 κ_e 两部分组成，其中晶格热导率表征热电材料的声子传输性质。若想获得高的 ZT 值，则要求热电材料具有高的功率因子和低的热导率。截至目前，大部分的热电材料的平均 ZT 值都较低，一般都在 1 以下，从而热电器件的转换效率远远低于传统热机，限制了热电材料的市场化应用。因此，有效提升热电材料的 ZT 值成了热电材料领域的一个热点研究方向。

5.2 热电转换材料

热电转换材料是一种通过材料当中的载流子（电子和空穴）的迁移来实现热能和电能相互转换的功能材料。20 世纪 30 年代，随着半导体物理学的发展，苏联物理学家 Ioffe 等热电材料研究者将研究的目光从金属类材料转移到了半导体材料上。其基于固体物理和半导体物理理论发展了电子和声子输运的相关模型，解释了固体材料中的电热输运，发现了半导体材料大多具有较高的塞贝克系数和较低的热导率，引导了一系列半导体热电材料的发现。热电材料根据形状的不同可以分为块体热电材料和薄膜热电材料；根据热电材料的使用温区的不同，可分为低温热电材料（300～500K）、中温热电材料（500～900K）和高温热电材料（>900K）。低温热电材料主要包括 Bi_2Te_3 基热电材料，中温热电材料包括 PbX（X＝S、Se、Te）化合物、方钴矿（Skutterudite）热电材料，高温热电材料包括 SiGe、半赫斯勒（Half-Heusler）型热电材料。此外，近年来也出现了不少新兴的热电材料体系，例如类金刚石结构化合物、基于"声子玻璃-电子晶体"概念的笼合物（Calthrate）热电材料、快离子导体热电材料、层状氧化物热电材料、Zintl 相化合物等。

5.2.1 Bi_2Te_3 基热电材料

Bi_2Te_3 基热电材料在 20 世纪 50 年代被 Goldsmid 首次发现并指出了它的前景。该热电材料在室温附近具有优异的热电性能，其热电优值可以达到 1 以上，被广泛应用于制备热电制冷和发电器件，是被广泛使用的低温热电材料，也是目前热电材料中唯一被广泛商业化应用的热电材料体系。Bi_2Te_3 材料是一种典型的窄带半导体材料，其带隙为 0.15eV 左右，属于菱方晶系，空间群为 $R\overline{3}m$，其晶体为层状晶体结构，由 Bi 原子和 Te 原子按照 Te^1—Bi—Te^2—Bi—Te^3 的顺序排列而成，并通过平行的层堆叠成晶胞。在 Bi_2Te_3 晶胞中，Bi 原子与 Te 原子通过共价键连接，结合力强，连接牢靠，而相邻的 Te 原子则通过范德华力相互作用，连接性较弱，容易发生层间解理，所以 Bi_2Te_3 材料具有较低的力学性能，如图 5-7 所示。

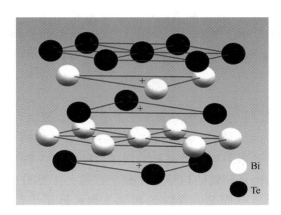

图 5-7 Bi_2Te_3 的晶体结构

在纯的 Bi_2Te_3 热电材料中，由于 Bi 原子和 Te 原子的物理化学性质非常接近，导致 Bi 原子极易占据 Te 原子的位置形成范围缺陷，同时电离出一个空穴，因此采用区熔法制备的 Bi_2Te_3 材料一般表现为 P 型导电，而通过粉末烧结等方法制备的多晶材料往往呈现 N 型导电，这是由于在粉末制备的过程中，在机械研磨的作用下，晶粒发生了晶面滑移，导致反位缺陷出现变化，形成空位，从而电离出电子。由此可见，通过不同的制备方法可以实现 P 型和 N 型的互换，此外，通过异质原子掺杂也可以实现 P 型与 N 型间的相互转换。在实际应用当中，通常通过在 Bi_2Te_3 基热电材料中掺入 Sb 形成 $Bi_{2-x}Sb_xTe_3$ 来制备 P 型热电材料，通过在 Bi_2Te_3 基热电材料中掺入 Se 形成 $Bi_2Te_{3-x}Se_x$ 来制备 N 型热电材料。Bi_2Te_3 基热电材料的层状晶体结构赋予其热电输运性能具有显著的各向异性，使得材料在沿层面平行的方向相较于垂直方向具有更大的电导率和热导率，这也就意味着可以通过提高材料的取向性在沿平行层面方向获得更优异的热电性能。因此在实际生产中一般采用区熔定向生长的工艺。

由于定向生长的材料易沿生长方向解理，容易使器件因材料的破坏导致失效，因此也有大量研究工作尝试通过粉末烧结的工艺制备致密的多晶材料，从而提高材料的力学性能。而热变形工艺也被应用在提高碲化铋材料的取向性上，与此同时，该工艺还可以在材料制备的过程中引入如位错、滑移、晶格扭曲等缺陷，可以明显降低材料的晶格热导率，进一步提高 ZT 值，提升热电性能。使用该工艺制备的 P 型碲化铋热电材料的 ZT 值可以达到 1.3 左右，N 型碲化铋热电材料的 ZT 值可达到 1.2。

除了通过提高碲化铋热电材料的取向性来提高热电性能的方法外，近年来，通过在微米甚至纳米尺度上的微结构调控优化、纳米复合等手段也可以提高材料的热电性能。

5.2.2 PbX（X=S、Se、Te）化合物

PbX（X=S、Se、Te）化合物是最早被发现的热电材料之一，早在 1822 年 Seebeck 就发现 PbS 具有高塞贝克系数的特点，但对 PbX（X=S、Se、Te）化合物进行系统的研究却在第二次世界大战以后。PbX（X=S、Se、Te）化合物同属于IV-VI族化合物，也被称为 Pb 硫族化合物。PbX（X=S、Se、Te）化合物是由 Pb 阳离子和 X 阴离子组成的化合物，具有与 NaCl 相同的面心立方（FCC）晶体结构，属于 $Fm\bar{3}m$ 空间群，如图 5-8 所示。PbX 晶体 PbX

（X＝S、Se、Te）化合物是通过离子键-共价键混合的极性半导体材料。

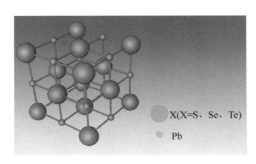

图 5-8　PbX（X＝S、Se、Te）化合物的晶体结构图

　　PbTe、PbS、PbSe 基热电材料是典型的Ⅳ-Ⅵ族半导体化合物，这种热电材料的适用温度范围比较高，热电性能良好，属于中温热电材料。研究人员往往通过调节 PbX 化合物的化学计量比以及异质原子掺杂的方式来实现 P 型或 N 型热电材料的制备。通过调节基体材料的化学计量比（过量的 Pb 或 X 原子）可以调节材料中载流子浓度，优化材料的热电性能。但通过调节基底材料的化学计量比，所得到的载流子浓度并不理想，因此研究人员往往通过异质原子掺杂实现载流子浓度的优化以及热电性能的提升，如利用 Li、Na、K、Rb、Cs、Tl 等作为受主掺杂原子可实现 P 型掺杂，Tl 掺杂的 P 型 PbTe 可在 773K 时最大 ZT 值达到 1.5；利用 Ga、In、La、Sb、Al、Bi、I 等原子可实现 N 型掺杂，其中 Al 掺杂的 N 型 PbSe 的最大 ZT 值可达到 1.3。

5.2.3　SiGe 合金

　　SiGe 合金基热电材料是被研究较多，且使用广泛的高温热电材料。Si 和 Ge 均属于Ⅳ族元素，其晶体结构为金刚石结构。虽然两者都具有良好的导电性，功率因子均较大，但由于热导率较高，单质 Si 与 Ge 均不是好的热电材料。后来，人们发现 Si 与 Ge 形成的合金热导率大幅度下降，而且导电性有所下降，但功率因子的降低远没有热导率降低明显，因此 SiGe 合金的热电性能比 Si 和 Ge 任意一种单质的热电性能都要好，而且 SiGe 合金在高温下的机械强度高，化学稳定性好，可在室温至 1300K 的范围内适用，因此也成了高温热电材料中最重要、最具代表性的材料之一。

　　目前，在实际的生产应用中一般选择 Si 含量较高的固溶体作为硅锗合金热电材料的组分，主要是由于 Si 含量较高的合金具有更高的熔点和较大的禁带宽度，合金密度小，抗氧化能力强，更适合在高温下应用。硅锗合金由于其晶格的无序度高，因此降低了晶格热导率，导致材料的热导率较低，并且许多原子在 Si 中有更大的溶解度，所以可以通过重掺杂的方式来提高材料的热电性能。此外，由于 Si 的成本相较于昂贵的 Ge 会更低，这也是选择硅锗合金材料组分时不容忽视的一点。

　　本征的 SiGe 材料的载流子浓度太低了，以致无法作为热电材料应用，因此为了提升 SiGe 合金的热电性能，需要对其进行掺杂以调节载流子浓度。SiGe 可以通过掺 B 或者掺 P 使载流子浓度达到较为合适的 $10^{20} \sim 10^{21} \mathrm{cm}^{-3}$ 的量级，形成新的半导体。

111

在硅锗合金体系的最初研究中，主要通过载流子浓度优化的手段来调节 P 型或 N 型硅锗合金的热电性能。20 世纪 90 年代，有研究人员指出可以通过调节晶粒尺寸来改善材料的热电性能。有实验通过球磨法制备粒径为 20nm 的硅锗合金纳米颗粒，并采用热压法完成致密化烧结，最终把 P 型 SiGe 的最高 ZT 值从 0.5 提高至 0.95，把 N 型 SiGe 合金的最高 ZT 值从 0.93 提高到 1.3，并且材料的电性能并未出现明显恶化。

纳米复合是提升块体材料热电性能另一种有效的纳米化技术。Mingo 等人预测将硅化物或锗化物纳米颗粒复合到硅锗合金中，可以使其在室温下的热电性能获得五倍提高，在 900K 下能获得 2.5 倍提高。此外，有实验证实利用球磨法将纳米尺寸的 Mo 颗粒均匀分散于 $Si_{91.3}Ge_{8.0}P_{0.7}$ 中，并在进行 SPS（放电等离子烧结）的过程中 Mo 颗粒与 Si 形成第二相 $MoSi_2$，从而增强声子散射，降低材料晶格热导率，使材料的 ZT 值在 700℃ 时达到最高值 1.0。

5.2.4 方钴矿型热电材料

20 世纪 90 年代，有学者指出好的热电材料要求具有像晶体一样的电输运特征和像玻璃一样的热传导特征，提出"声子玻璃-电子晶体"这一概念。此后，有研究发现方钴矿型材料呈现出"声子玻璃-电子晶体"的输运特征。

方钴矿化合物的名字来源于挪威一个名为 Skutterud 的小镇，最初是用来命名该地出产的 $CoAs_3$ 基矿物，后来发现一系列类似结构的化合物，因此将这些化合物命名为方钴矿。二元方钴矿的晶体结构为体心立方结构，空间群为 $Im\bar{3}$，化学通式为 MX_3（M = Co、Rh、Ir；X = P、As、Sb）。每个单位晶胞内含有 32 个原子，包含 8 个 MX_3 单元。其中 8 个 M 原子占据晶体的 8c 位，24 个 X 原子占据 24g 位，还有两个 2a 位置是由 12 个 X 原子构成的二十面体晶格孔洞。M 位于 6 个 X 原子组成的正八面体中心，这些八面体通过共顶连接。表 5-1 所列为几种二元方钴矿半导体化合物的晶格常数、密度、结构参数、孔洞半径、熔点、带隙。

表 5-1　二元方钴矿半导体化合物的晶格常数、密度、结构参数、孔洞半径、熔点、带隙

化合物	晶格常数/nm	密度/(g/cm^3)	孔洞半径/nm	熔点/℃	带隙/eV
CoP_3	0.77073	4.41	0.1763	>1000	0.43
$CoAs_3$	0.82043	6.82	0.1825	960	0.69
$CoSb_3$	0.90385	7.64	0.1892	873	0.23
RhP_3	0.79951	5.05	0.1909	>1200	—
$RhAs_3$	0.84427	7.21	0.1934	1000	>0.85
$RhSb_3$	0.92322	7.90	0.2024	900	0.8
IrP_3	0.80151	7.36	0.1906	>1200	—
$IrAs_3$	0.84673	9.12	0.1931	>1200	—

（续）

化合物	晶格常数/nm	密度/(g/cm³)	孔洞半径/nm	熔点/℃	带隙/eV
IrSb₃	0.92533	9.35	0.2040	1141	1.18
NiP₃	0.7819	—	—	>850	金属性
PdP₃	0.7705	—	—	>650	金属性

方钴矿型热电材料的优势是 ZT 值和力学性能较好，所需原材料也相对便宜，因此是一种有前途的热电材料。由于方钴矿化合物有 12 个 X 原子构成的二十面体晶格孔洞的存在，从而可以引入外来原子予以填充，称为填充方钴矿，每一种填充的原子有它的特征质量，可以引起特定频率的声子散射，因此，通过填充不同的原子，可以实现对很宽频率范围内的声子散射，从而大幅度降低晶格热导率而不影响塞贝克系数和电导率，形成符合"声子玻璃-电子晶体"特征的材料。

5.2.5　半赫斯勒型热电材料

半赫斯勒（Half-Heusler）型热电材料的化学式通常为 XYZ，其中 X 为电负性最强的过渡金属或者稀土元素，如 Hf、Zr、Ti、Er、V、Nb 等，Y 为电负性较弱的过渡金属，如 Fe、Co、Ni 等，Z 为主族元素，常见的为 Sn、Sb 等。具有面心立方的 MgAgAs 结构，空间群为 $\overline{F43m}$。由四套面心立方亚晶格嵌套而成，X 和 Z 原子形成 NaCl 的晶体结构，Y 原子占据一半四面体间隙的位置，当四面体全部占据满时则变成全赫斯勒结构。

半赫斯勒型热电材料的能带间隙为 0.1~0.5eV，室温功率因子能够达到 Bi₂Te₃ 的水平，但由于其晶格结构简单，以致其具有非常高的晶格热导率，因此在保留其卓越的电学性能的同时，降低其热导率是半赫斯勒型热电材料的研究重点。目前有多种方法可以降低该材料的晶格热导率，例如等电子合金化、元素替代、纳米化增强晶界散射声子等。半赫斯勒型热电材料的应用温度较高，属于高温应用型热电材料。

5.2.6　导电聚合物热电材料

常见的导电聚合物热电材料包括聚（3,4-乙烯二氧噻吩）（PEDOT）、聚苯胺（PANI）和聚吡咯（PPy）等。

PEDOT 是目前研究最多且应用效果最好的导电聚合物，通常与聚苯乙烯磺酸（PSS）混合应用。因导电高分子材料聚（3,4-乙烯二氧噻吩）：聚（苯乙烯磺酸）（PEDOT：PSS）特殊的共轭分子链结构，该材料具有高电导率、低热导率以及较好的柔性。目前，对 PEDOT 聚合物电学性能的优化方法主要为掺杂或去掺杂法。例如，分别用乙二醇（EG）、聚乙二醇（PEG）、甲醇及甲酸对 PEDOT：PSS 薄膜进行掺杂，掺杂后薄膜的电导率和功率因子都有了大幅提高，特别是掺杂甲酸后，室温下薄膜的电导率高达 1900S/cm，功率因子也达到了 $80.6\mu W/(m \cdot K^2)$。用聚苯乙烯磺酸盐去掺杂 P 型 PEDOT，通过去除部分单位反离子以减少反离子体积，提高材料的载流子迁移率；最终，该材料同时获得了高电导率

（900S/cm）和高塞贝克系数（72μV/K），功率因子提升至 460μW/(m·K²)，使材料的 ZT 值在室温下达到 0.4，这在聚合物基热电材料中属于较高水平。

尽管 PEDOT：PSS 及其衍生物广泛应用于热电领域，但对其他 P 型聚合物的研究也相当多，这些研究旨在通过优化 P 型聚合物的形态和掺杂水平来改善其热电性能。第一种导电聚合物是反式聚乙炔（polyacetylene，PA），一种"非 PEDOT 基" P 型聚合物。PA 是一种典型的共轭聚合物，由碳原子长链组成，具有交替的单键和双键。当用卤素如氯（Cl）、溴（Br）或碘（I）蒸气或五氟化砷（AsF₅）掺杂聚乙炔时，电导率可提高到 2×10⁴S/cm。也有报道表明，拉伸可以提高其导电性，因为聚合物主链的剪切排列增加了结晶度。例如，碘掺杂的 PA 膜的电导率在拉伸后从 3×10³S/cm 增加到 6×10³S/cm。有文献报道了掺杂 FeCl₃、ZrCl₄ 和 NbCl₅ 等金属卤化物的 PA 热电性能。它们证明了 PA 中金属区域的巨大固有导电性，与参与电荷传输的载流子的异常小的电子-声子相互作用有关。在掺杂后，由于 PA 在空气中的溶解度差和高氧化倾向，它在有机热电器件中并没有得到很好的应用。然而，PA 热电性能的前景成为研究其他在空气条件下更稳定的 P 型材料的动力。

聚苯胺作为新型导电聚合物是由于其易于合成和较为特殊的性质，如化学稳定性、柔韧性和溶液可加工性。聚苯胺的另一个固有特性是其 P⁻ 或 N⁻ 掺杂的能力，即聚苯胺中的主要载流子类型可以通过掺杂剂的 pH 调节，或通过在聚合物链上接枝有机/无机基团来控制。此外，聚苯胺的合成可以通过化学或电化学方式进行，从而产生具有不同形貌和导电性的材料。这是因为聚苯胺的导电性取决于它的氧化态；由于聚苯胺具有三种不同的氧化态和酸碱掺杂反应，其电导率可以从 10⁻⁷S/cm 调整到 3×10²S/cm。有文献研究了盐酸掺杂浓度对聚苯胺热电性能的影响，在 423K 时 ZT 最大值为 2.7×10⁻⁴。也有研究者用樟脑磺酸掺杂纳米晶聚苯胺，在 45K 和 17K 下分别获得了 0.77 和 2.17 的 ZT 值。提高聚苯胺热电性能的另一种策略是聚合物链的交联。研究表明，由于在上述情况下具有更好的结晶度和电荷传输，与线性聚合物相比，迁移率和电导率提高了近 25%。

聚吡咯是另一种流行的热电用途导电聚合物，它具有合理的导电性和柔性薄膜形式的机械稳定性。制备柔性导电 PPy 薄膜的方法多种多样，例如电化学或用三氯化铁（FeCl₃）氧化。另一种吸引人的方法是冻结界面聚合，由于聚合物结构的有序性增加，它可以获得 2×10³S/cm 的高电导率。然而，这类聚合物的主要缺点是其在室温下的塞贝克系数低。PPy 的功率因子最高报道值为 3.9μW/(m·K²)。

5.2.7　碳基热电材料

纳米结构的碳同素异形体，如石墨烯和碳纳米管（CNT），被认为是热电应用中最受欢迎的纳米填料之一，是受益于其固有的高导电性。石墨烯和碳纳米管（CNTs）是目前最先进的碳材料，除了机械强度高、重量轻、成本低及无毒等优点，它们还因特殊的碳—碳键结构具有一定的柔性，在柔性电子领域表现出一定的应用前景。石墨烯和碳纳米管中的碳原子均以 sp² 方式杂化，使其具有特殊的二维或者纳米管状结构，可产生高载流子迁移率和电导率；但同时，两者的热导率也很高，塞贝克系数较低，限制了这类材料热电性能的进一步提升。目前，针对这一问题，人们主要采用将导电聚合物与石墨烯或碳纳米管进行复合的方法来解决。一方面，石墨烯、碳纳米管以及导电聚合物均具有柔性，复合后的材料仍可保持较好的柔性；另一方面，本身具有低热导率的导电聚合物复合后作为第二相可以增强声子散射，降低晶格热导率，提高复合材料的塞贝克系数，使碳基柔性热电材料的热电性能获得较大幅度的提升。最早使用碳纳米管的报道之一是基于将 PEDOT：PSS 嵌入阿拉伯胶基质的复合材料，并证明了导电性可以部分地与导热性解耦。潜在的机制与电子的渗透导电路径的产生有关，而热量在绝缘基质和少量导电填料之间平行流动。

目前，石墨烯基复合柔性热电材料的研究主要集中在 PANI/石墨烯复合材料上。石墨烯因其较大的比表面积，与 PANI 复合时可以形成更多的纳米界面、更强的 π-π 共轭效应和更有序的 PANI 分子链。纳米界面可以有效降低 PANI/石墨烯复合材料的晶格热导率，而 π-π 共轭效应和更有序的 PANI 分子链结构可以提高塞贝克系数，使复合材料的热学性能与电学性能得到协同优化。例如，采用化学气相沉积法通过原位聚合制备了 PANI/石墨烯（PANI/GP-P）柔性复合热电薄膜，薄膜在承受了较大的应力后发生弯曲变形但未断裂，说明该薄膜具有较好的柔性；同时，原位聚合使石墨烯均匀分散于 PANI 基体中，使含48%石墨烯的 PANI/GP-P 柔性复合薄膜塞贝克系数在室温下提高到 $26\mu V/K$，最大功率因子达到 $55\mu W/(m \cdot K^2)$。此外，采用真空辅助自组装的方法，通过原位聚合在聚偏二氟乙烯（PVDF）滤膜上，制备了 PANI/石墨烯纳米片（GNP）柔性纳米复合薄膜，由于 PVDF 滤膜具有柔性，该复合薄膜表现出更好的柔韧性；同时，PANI 和石墨烯之间的 π-π 共轭效应使 PANI 对 GNP 有很强的亲和力，可以在 GNP 表面形成均匀的纳米涂层，这不仅保留了 PANI 的高塞贝克系数，还提高了复合薄膜的电导率，最终，含40%PANI 复合薄膜的 ZT 值在室温下最高可达 1.51×10^{-4}。

碳纳米管基复合柔性热电材料中研究相对较成熟的主要是 PEDOT：PSS/CNT、PANI/CNT 和 PPy/CNT 等。CNTs 与这些导电聚合物复合后既保持了原有的柔性，同时还降低了材料的晶格热导率，提高了塞贝克系数。例如，通过真空过滤法制备了 PPy/SWCNT（单壁碳纳米管）柔性复合薄膜，随着 SWCNTs 含量的增加，复合薄膜的电导率和塞贝克系数均有所提升，60%SWCNTs 复合薄膜的电导率、塞贝克系数和功率因子在室温下分别达到（399±14）S/cm、（22.2±0.1）$\mu V/K$ 和（19.7±0.8）$\mu W/(m \cdot K^2)$，与未复合 SWCNTs 的 PPy 相比均有较大幅度的提升。此外，PPy/SWCNT 复合薄膜在重复弯曲 1000 次和伸长率达 2.6%时，仍可以保持稳定的热电性能，说明其力学稳定性很好。采用稀释过滤法在多孔尼龙膜上制备一系列不同 SWCNTs 含量（20%、40%、80%）的 SWCNT/PEDOT：PSS 柔性复合热电薄膜，这些薄膜在不同的曲率半径下均可弯曲而不断裂，呈现出良好的柔韧性；最终，随着 SWCNTs 含量的增加，复合薄膜的电学性能与热电性能均有所提高。

近年来，关于碳纳米管（CNTs）本身、添加剂修饰的碳纳米管以及本质导电聚合物的热电特性已经崭露头角。在过去的几年里，聚合物基材料变得越来越重要，它们代表着更环保、更便宜、更容易生产和加工，并且具有固有的低导热性。继导电聚合物及其复合材料后，基于熔融可加工绝缘聚合物与导电纳米填料相结合的导电聚合物纳米复合材料成为研究热点。特别是具有高纵横比的填料，如碳纳米管，添加到聚合物基质中时，即使负载量很低（质量分数为 0.1%~5%），也能形成导电网络。在使用商业碳纳米管制备熔融混合复合材料时，热塑性基体材料有聚丙烯（PP）、聚碳酸酯（PC）、聚醚醚酮（PEEK）、聚偏二氟乙烯（PVDF）和聚对苯二甲酸丁二酯（PBT）等。这类复合材料具有典型的 P 型导电特性，塞贝克系数为正。然而，即使使用 P 型碳纳米管，在某些基体中，某些碳纳米管仍存在 N 型传导行为。此外，还可以在聚合物中加入 N 型碳纳米管，如氮掺杂碳纳米管，得到 N 型复合材料。

5.3 热电转换器件

5.3.1 热电器件工作原理与基本结构

热电材料的温差发电和热电制冷应用的理论基础主要来源于塞贝克效应和珀尔帖效应。基于塞贝克效应，热电材料可以利用温差梯度驱动半导体内部载流子从热端迁移至冷端，进而建立温差电动势，实现热能直接转换为电能进行发电；珀尔帖效应则是通过外加电源提供的电场驱动载流子选择性迁移，实现热流定向调控，从而实现制冷或者加热。

热电元件通常由金属电极将 N 型热电材料（N 型热电臂）和 P 型热电材料（P 型热电臂）连接构成。由于单个热电元件的输出电压很低，通常需要将多个热电元件以电串联、热并联的方式连接起来，并集成在两个绝缘且热传导性能良好的陶瓷平板中，构成实际使用的热电器件或组件。图 5-9 所示的是热电器件结构中最典型最常用的 π 形平板结构。在热电器件的实际应用中，热电器件通常由实现热电转换的热电臂、提升热电臂与电极连接质量的过渡层、实现热电臂串联和外部电传导的金属电极、提供结构支撑与电气绝缘的陶瓷基板组成。

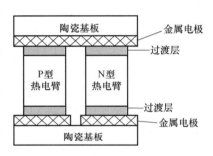

图 5-9　π 形平板结构

热流沿垂直于陶瓷基板的方向传输，使热电材料内的热流密度均匀，实现单向热流。

5.3.2 热电器件的分类

热电器件从功能上，大概分为热电传感器件、热电制冷器件以及热电发电器件三大类。

1. 热电传感器件

一直以来对于传感器技术的研究重点都偏向于通过对使用材料和器件结构进行研究以提升性能，使其能够符合实际的应用需求。目前市场驱动传感器往微小型化、高度集成化、模块化方向发展。而热电材料本身具有固态成型容易、产业化程度高、有利于小型化产品、性能稳定、寿命长等特点，完全满足传感器产品的要求。目前由于热电材料的种类繁多，根据材料的不同特性，传感器的种类和应用条件也有所不同，如石墨烯制备的柔性热电材料传感器，无毒无害，可与皮肤等身体器官接触，有助于精准医疗的实现；也有在极寒冷的环境下，以碲化铅为敏感材料的红外传感器等。

2. 热电制冷器件

与传统制冷方式相比，热电制冷的效率与容积无关，适用于小容积制冷的场合，且可以通过调节电压或电流实现精确控温。热电制冷器件还具有无须压缩机、无运动部件、可靠性高、无噪声、无需制冷介质等优点，符合现代社会对于环保的要求。而热电制冷器件的性能与热电材料的特性、使用环境、器件制备工艺及优化程度等息息相关。目前该器件在电冰箱、空调、计算机芯片、医疗器械、航空航天等领域都有应用前景。

3. 热电发电器件

在热电发电器件方面，最典型的应用是作为空间电源的同位素温差电池，在真空环境下，硅锗器件、碲化铅器件的工作寿命超过 30 年。

"好奇号"火星探测车之所以不用太阳能还能在环境极为恶劣的火星表面顺利运行，就是依靠基于热电转换的"放射性同位素温差发电（Radioisotope Thermoelectric Generator，RTG）"技术。

如图 5-10 所示，"好奇号"火星探测车的动力部分由 RTG 提供，使用的放射性同位素为钚-238，热电转换依靠 PbTe/TAGS 热电偶，其中 TAGS 是一种结合碲（Te）、银（Ag）、锗（Ge）和锑（Sb）的半导体材料。由于太空探索任务可能位于太阳的阴影区，光照严重不足且环境温度过低，这就限制了化学电池和太阳能电源的使用。而借助碲合金等热电材料，同位素温差电池可以将放射性元素衰变产生的热能直接转变为电能。这相当于一个体积不大、寿命很长又十分可靠的"核能电池"，无疑是理想的动力来源。

a) 好奇号火星探测车转换器

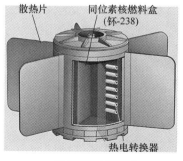

b) RTG 模块示意图

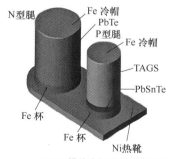

c) RTG 模块内部热电器件结构

图 5-10 "好奇号"火星探测车及 RTG 模块结构示意图

我国 2018 年发射的嫦娥四号登月探测器，同样也配置了同位素温差电源。它不仅可以为月球车长期供能，还可以在极寒的月夜对搭载的精密仪器起到"保暖"的作用。

除了放射性同位素温差电池外，利用工业废热、汽车尾气废热、环境温差等低品位热能的热电发电应用，因其具有十分巨大的发展潜力而受到广泛关注，目前存在的最大挑战在于热电器件转换效率和服役的可靠性。

大多数热电发电器件都需要能够长期在大温差、高温，含水、氧甚至腐蚀性气体环境下工作。在这些环境条件下，热电器件面临着热应力，材料组分发生氧化、挥发等改变，异质界面处的元素扩散与化学反应导致界面电阻、界面热阻的增加，机械应力等复杂挑战，这也是使得热电器件的转换效率远低于理论值，以致暂时无法进行工业化应用的主要原因。

4. 面内型柔性热电器件

面内型热电器件一般为薄膜器件，往往需要在衬底〔如 PI（聚酰亚胺）、塑料或纸张〕上涂覆或沉积形成连续、均匀的半导体热电薄膜，由于热电薄膜厚度较小（一般为 $10\mu m$ 以内），为了在器件两端建立温差，只能将其竖立在热源上，此时温度梯度及电流流动方向与器件薄膜表面平行，称为面内型器件，如图 5-11 所示。这些薄膜被直接安装在印制电路板（PCB）的表面，通过焊接或粘贴技术连接到 PCB 的导线和焊盘上。面内器件通常比面外器件更小巧，因为它们不需要引脚穿过 PCB，而是直接连接到 PCB 的表面。因为不需要穿孔，所以这种安装方式通常使制造过程更高效。

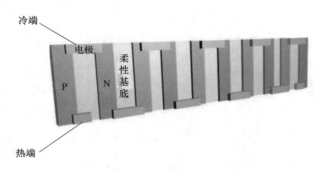

图 5-11　面内型薄膜热电器件

面内型热电器件具有制备工艺简单、所用原材料较少及器件重量轻等优点，但面内型薄膜横截面积小，导致器件内部电流通过的横截面积太小，器件整体内阻偏大，难建立较大的温差，以致热利用效率通常较差。此外，竖立起来的薄膜器件也存在不便固定与使用的问题。

5. 面外型柔性热电器件

面内器件往往需要在衬底（如 PI）上形成连续、均匀的薄膜，而面外器件则不需要。如果材料不能很好地附着在 PI 上，那么制作均匀、连续的薄膜将会非常困难，这会对面内器件的性能产生不利影响。而面外器件则不需要在 PI 上形成这样的薄膜，只需制备出刚性半导体块体，采用 Ni、Cu 等柔性电极将刚性的半导体块体热电臂串联后，再将热电臂用聚二甲基硅氧烷（PDMS）或泡棉等柔性填充物封装起来，即可得到柔性块体热电发电器件。由于温度梯度及电流流动方向与器件表面垂直，这种器件称为面外型器件，如图 5-12 所示。

与面内型热电器件不同，面外型热电器件的引脚或连接器穿过 PCB，从 PCB 的两侧可

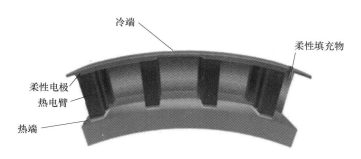

图 5-12 面外型块体热电器件

见，然后在底部焊接或插入到 PCB 的孔中。虽然其柔性较差，应用具有一定局限性，且制造难度较大，对材料的热电性能以及器件的集成工艺要求也相对较高，但刚性半导体块体热端面积大，具有较大的输出功率以及较高的转换效率。

经过近十年的发展，各种柔性热电材料（尤其是综合了不同热电材料优点的柔性复合热电材料）纷纷涌现，热电转化性能也有了很大的提高。目前报道的热电器件的输出功率还比较低，尚不能应用于制备可穿戴设备的热电器件。合理地设计柔性热电器件的构造，实现能量输出的最大化并提高使用者的舒适度，是柔性热电器件发展的方向之一。研究工作面临着许多的挑战，但开发新型的高效率柔性热电材料及器件，在基础研究及实际应用方面都具有十分重要的意义。

5.3.3 热电器件的制备工艺

热电器件的制备工艺对于器件的热电性能也有着不可忽视的影响。在低温热电器件方面，以碲化铋器件为例，其主要以焊接的方式制造。一般的碲化铋器件以铜为电极，用直接覆铜等方法将铜片贴覆在陶瓷基板上，然后利用锡焊技术，将 P 型、N 型热电臂以陶瓷片/电极/过渡层/热电臂/过渡层/金属电极/陶瓷片的结构将热电元件串联组成。为了提高强度，在焊接前可以通过表面喷砂或化学蚀刻等方法增加表面粗糙度。

在中高温热电器件方面，其应用主要受限于高温环境下电极及其连接面的高温稳定性，并且界面电阻和界面热阻低的电极材料及其与热电材料的焊接技术的开发也受到越来越多的重视。在此基础上，电弧喷涂、高温扩散焊、SPS（放电等离子烧结）一步法等技术先后被应用于热电器件的制备。电弧喷涂技术因其可让器件结构强度大、抗机械冲击性好，已成功用于碲化铋器件的生产中。SPS 一步法制备热电器件也在方钴矿器件、碲化铅器件制备中获得应用。

5.3.4 热电器件的发展历程

热电器件的发展最早可以追溯到 20 世纪 40 年代。在那一阶段，相关领域的研究学者通过大量的实验探索热电器件的应用，为后面几十年后的热电器件的发展奠定了扎实的理论和实践基础。到了 20 世纪 70 年代，热电发电器件已经被成功研发并具有一定规模的应用。20 世纪 80 年代以前，用于制备热电器件的热电材料基本上都是使用 Bi_2Te_3 半导体合金材料。但这一类材料本身的性能存在一定局限性，研究水平发展也较为缓慢，很大一部分阻碍了热电器件在各个领域的应用。到了 20 世纪 90 年代，随着方钴矿材料这一新的热电材料体系被发现、热电材料制备技术的进步等因素，积极有效地推动了热电器件理论和应用研究的发展。提高热电器件能量转换效率的关键因素在于热电材料性能的提高。随着纳米结构化和寻找本征低热导率材料等方法，显著地促进了 ZT 值的提升，但也需要清醒地认识到纳米结构化和弱化学键在高温下具有较低的稳定性。因此，未来除了进一步创新理论和制备技术来提升热电性能外，提高材料与器件在应用时的稳定性也不可忽视。

近年来，随着科技不断进步，热电器件的研究随之加深。现阶段，通过热能驱动固体中电子的移动，能确保热电器件具有环保效益。同时，热电器件在实际应用过程中，解决了以往器件应用普遍存在的工质泄漏、机械运动、振动、噪声等可能带来的化学污染和声污染。此外，此类器件具有使用寿命长、体积小、重量轻、所需的费用较低等优点，以上这些优点更有利于实现现代电子产品的集成和微型化以及柔性化。

5.4　工程案例

内燃机技术发展的核心目标之一是提高内燃机热效率，燃料产生的能量中通过冷却系统带走的占 30%，摩擦损失占 5%，尾气带走的热量高达 40% 左右，而且排气温度高达 700～900℃。如果能充分回收利用排气能量，将有助于改善燃油经济性，节约石油资源，减少温室气体排放，带来巨大的社会效益和经济效益。目前，国内外主要利用朗肯循环、布雷顿循环、热电转换等技术对内燃机余热能量进行回收。其中，热电转换技术可以对内燃机排气余热进行有效回收，利用热电效应将热能直接转换为电能，具有无转动部件、体积小、寿命长、环境友好等特点，可满足汽车朝电气化方向发展的需求。

热电转换装置结构由废气通道（热端）、冷却通道（冷端）、热电转换模块组以及夹紧设备组成，其示意图如图 5-13 所示。热电转换模块组布置在废气通道和冷却通道之间，利用热电转换模块两端温度差发电。发动机排出的高温废气流经热电转换装置内部的废气通道后，通过对流换热等传热方式加热热端气箱，使气箱表面达到一定的工作温度，布置在热端气箱表面的热电转换模块组另一端由于冷却通道的降温作用，温度较低，从而在热电转换模块组两端形成温度差，提供电力输出。在热电转换模块工作温度范围内，两端温度差越大，温度场越均匀，其输出功率越大。

目前汽车发动机尾气余热热电转换系统主要由发动机、热电转换装置、循环冷却组件、外部电路、管理系统以及电力存储系统等组成。整体上尾气能量品位沿流动方向逐渐降低，三元催化转化器出口位置尾气温度较高，是比较理想的布置位置之一，但其温度经常超过800℃，而目前的车用热电转换模块最高工作温度一般不超过 750℃，为了充分利用尾气余热和保持温度发电模块正常高效工作，通常将热电转换模块布置在中间消声器前端，即在三元催化转化器和一级消声器之间。

在实际应用方面，大众汽车于 2009 年宣布开发出了装有热电转换装置的原型汽车，高速公路工况下其热电模块可输出 600W 的功率，可满足整车电气需求量的 30%，并可减少超过 5% 的燃料消耗量。BMW（宝马）与通用汽车联合开发的热电转换系统，已在雪佛兰混合动力车型上进行了 5 万 km 的实车测试试验，试验表明可节省燃油达 10%。

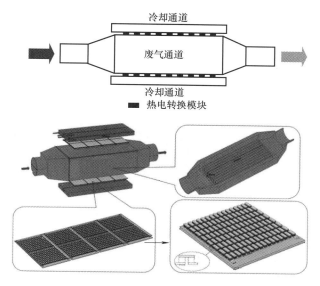

图 5-13　汽车发动机余热回收热电转换技术示意图

目前国外已经在汽车整车上对热电转换系统进行了测试和应用，并取得了良好的效果，标志着热电转换技术的研究已经走向了实用化的方向。但在温差热电材料、热电转换组件的优化设计方面还需深入研究，以进一步提升热电转换装置的性能。

思　考　题

1. 什么是金属导体的热电效应？热电势由哪几部分组成？
2. 热电偶产生热电势的必要条件是什么？
3. 简述热电材料的优值系数（ZT 值）的影响因素。
4. 分析通过材料改性（如纳米结构、多孔结构、掺杂等）提高热电性能的可能性。
5. 举例说明热电材料在太空探索、深空探测等极端环境下的应用潜力。
6. 简述热电器件发电和制冷的工作原理。分析热电制冷技术在电子设备散热、食品保鲜等领域的应用前景。
7. 举例说明柔性热电器件的应用场景。预测未来热电技术在微型化、智能化、高效率化等方面的发展趋势。

参 考 文 献

[1] Energy Information Administration. Production and End-Use Data [J]. Annual Energy Review, 2002, 1: 45-50.
[2] 宋君强，史迅，张文清，等. 热电材料的热输运调控及其在微型器件中的应用 [J]. 物理，2013 （2）：112-123.
[3] 陈允成. 半导体温差发电器应用的研究 [D]. 厦门：厦门大学，2006.
[4] BELL L E. Cooling, Heating, Generating Power, and Recovering Waste Heat with Thermoelectric Systems [J]. Science, 2008, 321 (5895)：1457-1461.
[5] LIU W, KIM H S, JIE Q, et al. Importance of High Power Factor in Thermoelectric Materials for Power Generation Application：A Perspective [J]. Scripta Materialia, 2016, 111：3-9.

［6］　陈立东，刘睿恒，史迅. 热电材料与器件［M］. 北京：科学出版社，2018.

［7］　张忠玮. 通过原子轨道工程实现 GeTe 基热电材料和器件的性能优化［D］. 桂林：桂林电子科技大学，2023.

［8］　邢云飞. 半赫斯勒热电材料和器件制备技术与性能研究［D］. 北京：中国科学院大学，2022.

［9］　刘旭升. 碲化铋基热电器件的研究［D］. 上海：东华大学，2023.

［10］　李春鹤. 填充型方钴矿的组织结构与热电性能［D］. 哈尔滨：哈尔滨工业大学，2020.

［11］　孟珂. 硅锗合金热电材料的性能优化研究［D］. 郑州：郑州大学，2022.

［12］　徐啸，刘嬉嬉，何佳清. 热电材料与发电器件的进展和挑战［J］. 物理，2022，51（3）：174-179.

［13］　长俊钢，陈玉，何静，等. 热电器件界面性能的研究现状［J］. 材料导报，2024，38（6）：91-103.

第 6 章
敏感材料与传感器

敏感材料与传感器在现代科技应用中扮演着至关重要的角色。敏感材料是一类能够对外界环境变化做出灵敏反应的材料，而传感器则是一种能够将这些环境变化转变为可感知的信号输出的装置。敏感材料与传感器的结合，不仅可以实现对各种物理量、化学量甚至生物量的测量，还可以应用于智能控制、环境监测、医疗诊断等领域。

敏感材料的种类繁多，这些材料都具有对外界环境变化敏感的特点，比如热敏材料对温度变化敏感，光敏材料对光照变化敏感，压敏材料对压力变化敏感，湿敏材料对湿度变化敏感。传感器能够将这些敏感材料感知到的外界环境变化转变为电信号、光信号或其他形式的信号输出，分别对应温度传感器、光敏传感器、压力传感器、湿度传感器。

敏感材料与传感器的结合应用非常广泛。在工业领域，常常被用于生产过程中的温度、压力、湿度等参数的监测与控制；在医疗领域，可以用于医疗诊断、健康监测等方面；在环境领域，可以用于大气污染监测、水质监测等。

在工业 4.0 时代，传统的物性型传感器正向智能型传感器发展。智能型传感器对自身状态具有一定的自诊断、自补偿、自适应能力，同时具有双向通信功能。它将传感器、通信芯片、微处理器、驱动程序、软件算法等有机结合，通过高度灵敏的传感元件实现多功能检测，通过边缘计算实现数据处理，基于网络实现测量数据汇聚。随着 CMOS（Complementary Metal Oxide Semiconductor）与 MEMS（Micro-Electro-Mechanical System）技术的进一步融合，智能传感器未来将继续向网络化、微型化、集成化和多样化发展。本章将就几种典型的传感器做介绍。

6.1 电阻式应变传感器

电阻式应变传感器是一种用于测量多种物理量的传感器，其核心元件是电阻应变计。这种传感器通常由弹性敏感元件、电阻应变计、补偿电阻和外壳组成，并且可以按照具体测量要求设计成多种结构形式。在电阻式应变传感器中，弹性敏感元件会受到所测量的力的作用而产生变形。这种变形会同时引起附着在其上的电阻应变计的变形。然后，电阻应变计将这种变形转化为电阻值的变化，从而能够测量力、压力、扭矩、位移、加速度和温度等多种物理量。

电阻式应变传感器能利用隧穿电阻、接触电阻、裂纹扩展以及导电网络的断开/重建等机制，将形变转化为电阻变化信号，如图 6-1 所示。这类传感器的传感结构简单，信号采集方便，制造简易且成本低。制造电阻式应变传感器时，需结合导电材料和柔性基体来构建导电网络。导电材料和柔性基体的性质以及导电网络的结构，都会对电阻式应变传感器的性能产生决定性的影响。常见的导电材料包括碳纳米材料、金属纳米材料、导电聚合物及过渡金属碳化物和碳氮化物。而主要的柔性基质材料一般由弹性聚合物构成，如聚氨酯和聚二甲基硅氧烷等。

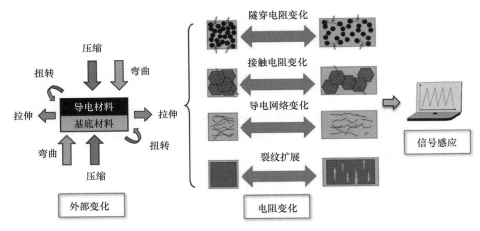

图 6-1　电阻式应变传感器检测示意图

电阻式应变传感器检测的应变可大致分为四种：拉伸、压缩、弯曲和扭转，如图 6-1 所示。在实际应用中为了增加这类传感器的传感性能，常常通过结构优化来适应不同的应用需求，如一维结构的纤维和纱线，二维结构的薄膜，三维结构的水凝胶、海绵和泡沫等。这些不同结构的导电网络在应变过程中表现出不同的相对电阻变化特性。这些特性对传感器的应变范围、灵敏度［由应变计因子（Gage Factor，GF）定义］、响应时间、稳定性、耐久性、滞后等指标产生影响。

6.1.1　应变传感器中的一维材料

一维线性结构的应变传感器具有出色的可缝合性，并且能够直接通过各种常规纺织工艺直接集成到服装中。因此，它们是智能纺织品开发的首选。在一维应变传感器的设计过程中，导电材料与柔性基体能够通过不同的方式进行耦合，如：一维的光纤和纱线可以与导电材料通过均匀混合的方式形成紧密的点对点接触导电网络，在拉伸作用下，导电材料之间的隧穿距离增大，使得隧穿电阻增大。但是这种传感器对于边缘应变的响应不太灵敏。导电材料还可以通过涂覆的方式与柔性基质相结合，利用接触电阻的变化来达到信号传递的作用，提高传感器的应变性能。此外，柔性基质也可以通过包封的方法与导电材料相结合来制备应变传感器。导电材料与柔性基体常常通过以下三种组合方式进行耦合：均匀混合、导电材料涂覆的柔性基质和柔性基质包封的导电材料。以下是几种具体的用作电阻式应变传感器的一维（1D）材料及其工作机制。

碳纳米管（Carbon Nanotubes，CNTs）：碳纳米管具有非常高的弹性模量和电导性，当施加应变时，CNTs 的电阻会因为其几何形状的改变（如长度的拉伸和截面积的压缩）以及碳原子间相互作用的变化而发生变化。CNTs 可以被制成薄膜或编织成纤维，作为应变传感器使用，具有极高的灵敏度和很小的尺寸效应。

银纳米线（Silver Nanowires，AgNWs）：银纳米线由于其优良的导电性和可延展性，可以在受到拉伸或压缩应变时改变其电阻。银纳米线可以制成透明的导电薄膜，应用于柔性和可穿戴电子产品中的应变传感。应变导致银纳米线之间的接触点和距离发生变化，从而改变了电流的路径和总体电阻。

硅纳米线（Silicon Nanowires，SiNWs）：硅纳米线作为半导体材料，其电阻应变敏感性主要来源于压阻效应。当应变施加到硅纳米线上时，其晶体结构中的能带结构会发生改变，从而导致载流子（电子和空穴）的迁移率和浓度变化，进而引起电阻的变化。硅纳米线可以被精确地掺杂和加工，以优化其压阻性能。

金纳米线（Gold Nanowires，AuNWs）：金纳米线具有优秀的电导性和化学稳定性，它们的电阻变化机制与银纳米线类似，即通过应变引起的纳米线间接触点的变化和纳米线形状的变化来调控电阻。金纳米线可以用于高灵敏度的应变传感器中，尤其是在需要化学稳定性的应用场合。

然而，由于尺寸限制，仅通过集成导电材料和柔性矩阵难以实现高性能的 1D 传感器。就应变类型而言，1D 传感器更适合检测拉伸应变，而不是检测压缩、弯曲或扭转应变。设计纱线结构或将纱线集成到织物结构中，可以有效地提高导电网络的应变性能和灵敏度。

6.1.2　应变传感器中的二维材料

具有二维（2D）膜结构的柔性应变传感器具有良好的顺应性，并且由于其原子级的厚度和独特的物理化学性质，在电阻式应变传感器领域显示出了极大的潜力。这种材料不仅可以提供高灵敏度和宽应变范围，还能实现在微纳尺度上的精确应变测量，可以直接安装在皮肤表面检测人体运动。因此，这种材料适合作为电子皮肤。以下是几种具体的用作电阻式应变传感器的二维材料及其工作机制。

石墨烯（Graphene）：石墨烯是一种由单层碳原子以蜂窝状排列形成的二维材料，具有卓越的电子迁移率和力学性能。在电阻式应变传感器中，石墨烯的工作机制主要是基于其电阻随应变变化的性质。当石墨烯承受拉伸或压缩应变时，碳原子之间的距离变化会导致电子的带结构改变，进而影响其电导率。石墨烯的高灵敏度和宽应变范围使其成为理想的应变传感材料。

过渡金属二硫化物（TMDCs）：过渡金属二硫化物（如 MoS_2）是由过渡金属和硫原子组成的层状二维半导体材料。这类材料的压阻效应来源于应变诱导的能带结构变化和电荷载体迁移率的调节。应变可以通过改变层间和层内原子间距来调节其电子性质，从而影响电阻。TMDCs 的层状结构还允许它们承受较大的形变，使其适用于宽范围的应变测量。

黑磷（Phosphorene）：黑磷是一种层状的二维材料，具有高度各向异性的电子和机械性

125

质。它的电阻应变敏感性主要是由于应变导致的能带结构和有效质量的变化。黑磷的压阻效应在其不同的晶体方向上表现不同，这种各向异性使得黑磷在特定的应用中具有优势，如可定向调节的应变传感器。

氧化石墨烯：氧化石墨烯是石墨烯的氧化形态，具有石墨烯的许多优点，同时其表面含有氧功能团，可以提供更多的表面反应位点。在应变传感中，氧化石墨烯的电阻变化机制类似于石墨烯，即通过应变改变碳原子间的距离和电子结构，从而影响其电导性。氧化石墨烯的优势在于它可以在不牺牲电子性质的同时提供更好的化学稳定性和兼容性。

这些二维材料因其独特的物理化学性质和优异的机械弹性，成了电阻式应变传感器领域的重要候选材料。通过精确的材料制备和器件设计，这些二维材料能够实现高灵敏度、高稳定性和宽应变范围的应变监测，为航空航天、可穿戴设备、智能材料等高科技领域提供关键技术支持。

6.1.3　应变传感器中的三维材料

三维（3D）材料在电阻式应变传感器领域中，相较于一维和二维材料，指的是那些具有三维结构的宏观材料。这些材料能够在更宽的维度上响应应变，通常提供更高的耐久性和适用于更广泛的应用环境。水凝胶、海绵和泡沫是三维柔性应变传感器的研究热点。这些材料可以赋予传感器许多特殊的性质，并有可能被开发成多功能传感器。以下是几种具体的用作电阻式应变传感器的三维材料及其工作机制。

水凝胶：水凝胶中的聚合物网络通过氢键稳定，因此水凝胶具有高度延展性。同时，移动的离子或电子赋予它们导电性。水凝胶具有良好的黏附能力，可以直接附着在人体上以检测运动。由于大量氢键的存在，水凝胶传感器一般具有自愈能力。

金属泡沫（Metal Foams）：金属泡沫是具有多孔结构的金属材料，能够在压缩和拉伸下显示出显著的电阻变化。它们的工作机制基于孔隙率和孔隙形状的变化，直接影响材料的导电路径和电阻值。金属泡沫具有良好的弹性和恢复能力，使其在受到应变后能够恢复原状，适用于动态加载条件下的应变监测。

导电聚合物复合材料：这类材料通常由导电填料（如炭黑、碳纳米管、石墨烯等）与聚合物基体（如 PDMS、聚乙烯、聚丙烯等）复合而成。它们的工作原理基于应变导致复合材料内部导电网络结构的改变，如填料间距的变化、导电通道的断裂或重组，进而引起电阻的变化。这种材料因其优异的柔韧性和可定制的电导率而被广泛应用于柔性和可穿戴电子设备中的应变传感器。

压电陶瓷（Piezoelectric Ceramics）：虽然压电材料主要是通过压电效应工作的，但是它们在应力作用下也可以表现出电阻变化，这是由于内部微观结构的调整和非压电效应引起的。当压电材料受到机械应力时，材料内部的电荷分布会发生变化，导致电阻性质的变化。这一效应可用于应变检测，尤其在需要高灵敏度和快速响应的场合。

三维石墨烯结构：三维石墨烯结构（如石墨烯泡沫或石墨烯海绵）结合了石墨烯的优良电性能和三维多孔结构的高比表面积。这些结构在受到压缩或拉伸时，其多孔网络发生形变，导致电阻变化。三维石墨烯结构具有高弹性和高导电性，适合作为高性能的应变传感器材料。

　　三维传感器对于拉伸应变和压缩应变都具有宽的感测范围。然而，这些传感器通常具有低灵敏度和耐久性。在具有三维结构的传感器中，水凝胶具有最好的应变性能。但是，它们的灵敏度相对较低。海绵具有最高的灵敏度，而泡沫具有最高的耐久性。这种三维结构为开发多功能、多形式的应变检测传感器显示了巨大的潜力。此外，将多种导电材料组合形成协同导电网络，可以有效提高三维传感器的性能。

　　这些三维材料为电阻式应变传感器的设计和应用提供了广泛的选择，能够满足不同的性能需求和应用场景，如汽车、航空、结构健康监测和人体运动监测等。通过优化材料的微观结构和宏观形态，可以进一步提高这些材料的灵敏度、稳定性和耐久性。

6.2　霍尔传感器

　　霍尔效应是由美国科学家埃德温·赫伯特·霍尔于 1879 年发现的。当电流通过一块置于垂直磁场中的薄金属板时，板的一侧会积累正电荷，另一侧则积累负电荷，产生一个垂直于电流方向和磁场方向的电势差。这个电势差被称为霍尔电压，其大小不仅依赖于穿过材料的电流和磁场的强度，还受材料特性的影响。

　　霍尔传感器利用霍尔效应来检测磁场。它由一个薄的导体或半导体材料片构成，当电流通过该材料片，并且垂直于该片的方向存在磁场时，会在导体的两侧产生霍尔电压。通过测量这个电压，可以直接得到磁场强度的信息。霍尔传感器的设计使其能够检测静态（直流）或动态（交流）磁场，从而在多种环境下实现高度灵敏和精确的磁场检测。在现代科技应用中，准确地测量和控制磁场强度是一项重要的任务，尤其是在自动化控制、汽车工业、消费电子产品等领域。霍尔传感器能够精确地检测磁场的存在及其变化，从而在各种应用中扮演着关键的角色。

　　根据材料的特性，制备霍尔传感器的材料主要有：硅（Si）、砷化镓（GaAs）、砷化铟镓（InGaAs）和磁性半导体材料等。硅是最常用的半导体材料之一，广泛应用于线性霍尔传感器的制造。硅基霍尔传感器因其成本效益高、工艺成熟和与现有 CMOS 技术的兼容性而受到青睐。砷化镓是一种直接带隙半导体，与硅材料相比具有更高的电子迁移率，这使得基于砷化镓的霍尔传感器在低功耗和高频应用中表现优异。砷化铟镓是一种混合半导体材料，结合了砷化镓和砷化铟的优点，能够在更宽的温度范围内提供稳定的性能，适用于高精度霍尔传感器。而磁性半导体材料，如铁电氧化物和某些掺杂的半导体，它们在外加磁场下展现出独特的磁电性质，可以用于制作具有特定功能的霍尔传感器，如高灵敏度或特定应用的传感器。

　　霍尔传感器根据其应用和设计可以分为几种类型，包括线性霍尔传感器、数字霍尔传感器、霍尔效应齿轮齿传感器、角度霍尔传感器、电流霍尔传感器和差分霍尔传感器等。

6.2.1　线性（模拟）霍尔传感器

　　线性（模拟）霍尔传感器主要利用霍尔效应来测量磁场的强度，并提供与磁场强度成比例的模拟输出信号。这类传感器广泛应用于测量静态或变化磁场的强度，如在位置感测、角度感测、电流检测等领域。线性霍尔传感器的关键在于它的霍尔元件，该元件由特定的材料构成，能够在其上产生霍尔电压。

线性霍尔传感器的工作原理基于霍尔效应，即当一个载流体（如半导体材料）被放置在垂直于电流方向的磁场中时，载流体的两侧会产生电势差，这就是霍尔电压。线性霍尔传感器的输出电压（霍尔电压）与穿过载流体的电流（I）和外加磁场的强度（B）成正比，同时与载流体的厚度（d）成反比，公式可以表示为

$$U_H = \frac{KIB}{d} \tag{6-1}$$

式中，U_H 是霍尔电压；K 是材料的霍尔系数；I 是通过材料的电流；B 是垂直穿过材料的磁场强度；d 是材料的厚度。

通过测量这个霍尔电压，可以直接得到磁场强度的信息。线性霍尔传感器的设计要求霍尔元件材料具有高的霍尔系数和电子迁移率，以提高传感器的灵敏度和响应速度。通过精确控制半导体材料的特性和传感器的设计，可以实现高精度和宽动态范围的磁场测量。

6.2.2　数字（开关）霍尔传感器

数字（开关）霍尔传感器提供数字输出信号（通常是高电平或低电平），用来指示是否检测到预设阈值以上的磁场强度。与线性霍尔传感器相比，数字霍尔传感器主要用于简单的检测任务，如位置检测、速度测量和旋转编码等。

数字霍尔传感器的核心仍然基于霍尔效应。当传感器放置在磁场中时，流经传感器的电流会在垂直于电流和磁场的方向上产生霍尔电压。数字霍尔传感器与线性霍尔传感器的主要区别在于它内部集成了比较器电路，用于将霍尔电压与预设的阈值电压进行比较：①当外部磁场强度导致的霍尔电压超过阈值时，比较器输出高电平（或低电平），表示检测到磁场；②当磁场强度低于阈值时，输出相反的电平，表示未检测到磁场。

这种设计使得数字霍尔传感器能够直接提供开关信号，适用于需要简单开/关响应的应用，而无需外部电路进行信号处理。由于内部集成比较器和逻辑电路，数字霍尔传感器能够提供快速、稳定的数字输出，非常适合用于动态检测和快速响应的场合。数字霍尔传感器因其简单的输出信号和易于集成的特性，而被广泛应用于工业控制、汽车电子和消费电子产品中。

6.2.3　霍尔效应齿轮齿传感器

霍尔效应齿轮齿传感器是一种专门设计来检测齿轮齿或相似结构上的磁场变化的设备。它们在汽车、工业自动化和机械传动系统中被广泛用于测量旋转速度、位置和方向。

霍尔效应齿轮齿传感器的工作原理依赖于霍尔效应，即当一个带电粒子的导体置于垂直方向的磁场中时，导体两侧会产生电势差（霍尔电压）。齿轮齿传感器利用这一原理来检测齿轮上的磁性标记或齿轮齿产生的磁场变化：当装有磁性标记的齿轮旋转时，每个标记经过传感器的位置都会导致磁场的局部变化。霍尔传感器检测到这些磁场变化，并将其转换为电压变化。电压信号随后被转换为数字信号，通常通过一个内置的比较器实现，以提供关于齿轮旋转速度、位置或方向的信息。

这种传感器特别适合于动态测量旋转或线性移动对象的速度和位置，因为它能够提供高精度的测量结果，且响应速度快。通过选择合适的材料和设计，霍尔效应齿轮齿传感器可以

在各种环境条件下稳定工作，满足工业和汽车应用中的高性能要求。

6.2.4　角度霍尔传感器

角度霍尔传感器用于精确测量磁体相对于传感器的角度变化，广泛应用于电机控制、机器人技术、汽车行业等领域。这些传感器通常利用霍尔效应来检测磁场的方向变化，并将此变化转换为角度读数。角度霍尔传感器的材料选择和线性霍尔传感器或数字霍尔传感器相似，其工作原理涉及复杂的信号处理来准确测定角度信息。

角度霍尔传感器的工作原理基于霍尔效应，即当电流通过置于磁场中的导体时，导体侧面会产生垂直于电流和磁场方向的电势差（霍尔电压）。角度传感器通过以下方式工作。①磁场方向检测：角度传感器通常包括两个或更多的霍尔元件，布置成可以检测磁场方向变化的配置。当磁体旋转时，这些霍尔元件会感应到磁场的方向变化。②信号处理：由霍尔元件产生的电压信号随磁场方向的变化而变化。这些电压信号被送入信号处理电路，电路会计算出磁体相对于传感器的精确角度。③角度输出：最终，传感器输出一个与磁体角度位置对应的信号，这个信号可以是模拟电压输出，也可以是数字输出，取决于应用需求和传感器的设计。

角度霍尔传感器的优点包括非接触测量、高精度、长寿命和宽工作温度范围。通过选择合适的材料和设计，角度霍尔传感器可以为各种精密控制和测量应用提供可靠的解决方案。

6.2.5　电流霍尔传感器

电流霍尔传感器是一种利用霍尔效应来非接触式测量电流的装置，能够检测直流、交流、脉冲电流等。这种类型的传感器特别适用于电力系统、汽车电子、工业控制等领域，其中对安全性、准确性和可靠性的要求极高。电流霍尔传感器的制造材料需具备良好的霍尔效应响应性能。

电流霍尔传感器的工作原理基于霍尔效应，即当导体或半导体材料放置在垂直于电流方向的磁场中时，材料两侧会产生电势差（霍尔电压）。在电流传感器的应用中，工作原理如下。①电流感应磁场：当电流通过一个导体时，会在导体周围产生磁场。电流霍尔传感器被放置在这个磁场中，但不直接接触导体。②霍尔效应产生电压：流经霍尔元件的电流（在某些设计中可能为内部电流）和感应磁场共同作用，在霍尔元件的两侧产生垂直于电流和磁场的霍尔电压。③信号处理与输出：霍尔电压被转换成与原始通过导体的电流成正比的输出信号。这个输出信号经过放大和处理后，可以用于显示、记录或控制电流的大小。

电流霍尔传感器的设计使其能够提供精确、稳定的电流测量，而且由于其非接触式的测量方式，非常适用于高电压或难以直接接触的电流测量场合。通过采用不同的材料和设计优化，电流霍尔传感器可以适用于广泛的应用，从低电流的精密测量到高电流系统的监控。

6.2.6　差分霍尔传感器

差分霍尔传感器利用两个或多个霍尔元件来测量磁场强度的差异，这种设计旨在提高测量的精度和抗干扰能力。通过比较不同位置上的磁场强度，差分霍尔传感器能够减少或消除由于温度变化、器件不匹配和外部干扰等因素引起的误差。差分霍尔传感器广泛应用于精确的位置检测、速度测量和角度测量等领域。

差分霍尔传感器的工作原理基于霍尔效应，并通过两个或多个霍尔元件的差异化响应来实现更高的测量精度和抗干扰性。①磁场检测：两个霍尔元件分别置于待测磁场的不同位置。当磁场变化时，这两个位置的磁场强度可能略有不同，导致两个霍尔元件产生的霍尔电压也有所差异。②信号差分处理：通过电路对两个霍尔元件产生的电压进行差分处理，可以得到一个反映磁场强度差异的信号。这种差分信号在一定程度上独立于共模干扰（如温度变化引起的影响），因而能够提供更准确的磁场测量结果。③输出信号：差分信号经过放大和处理后，可用于直接表示磁场的变化，或用于进一步的信号处理和分析，如用于计算被测物体的位置或速度。

差分霍尔传感器的优点在于其能够有效抵抗外部干扰和自身误差，提供高稳定性和高精度的测量结果。这使得它们特别适合于工业自动化、汽车电子和高精度测量设备等领域的应用。通过选择合适的材料和优化设计，可以进一步提高传感器的性能和适用范围。

霍尔传感器作为一种基于霍尔效应的成熟传感技术，以其非接触式测量、高精度和可靠性广泛应用于汽车、工业自动化、消费电子等多个领域。随着微电子技术的进步和新材料的开发，霍尔传感器正朝着微型化、低功耗、智能化和多功能集成的方向发展，未来将在物联网、可穿戴设备、能源管理和环境监测等新兴领域展现更广阔的应用前景。

6.3　红外温度传感器

红外温度传感器是一种无接触式的温度测量工具，它通过检测物体表面发出的红外辐射能量来确定物体的温度。这种传感器的工作原理基于所有物体（其温度高于绝对零度）都会发射红外辐射的事实。红外温度传感器的核心部件是红外探测器和光学系统，它们共同工作以收集和测量来自被测物体表面的红外辐射能量。要了解任何存在实体的生理性质，红外热感应都是一种有用的工具，它已被广泛应用于多个领域，从计量学到空气动力学、大气气候到海洋研究、临床诊断到生物医学，以及几乎所有类型的加热和冷却设备、制造设施、食品和其他商品的储存。红外温度传感器依赖于表面温度，因此温度的变化会导致信号幅度的变化。红外温度传感器主要吸收目标物体的红外辐射转换成热能，从而使敏感元件的温度升高。红外温度成像设备采用辐射-声子机制来识别实体产生的特定红外信号的信息，然后将其转换为视网膜图像模式，并用于描述温度值。这种红外温度传感器具有非侵入性、准确性的特点，能够分析不同领域与温度有关的生理变化，并可能应用于生物医学领域。传统的侵入式传感器会因环境温度升高而导致噪声增大，必须进行淬火采集，并且由于半导体带隙宽度的原因，只能对特定波长的红外辐射产生反应，从而限制了其广泛的应用。另外，非侵入式红外温度传感器可在室温下转向，采用自淬火机制，并可配置丰富的红外辐射波长区域，如近红外、中红外和远红外辐射。因此，越来越多的人倾向于使用纳米红外温度传感器。

红外温度传感器遵从 Jablonski-Perrin 模型的概念，其中吸收和发射涉及原子状态之间的能量转移，当光源照射的光子被吸收，并激发电子进入高能电子状态时，发生这种能量转移，而当返回低能状态时则发射光子。发光现象有荧光和磷光两种，荧光在紫外光和较短波长的激发下产生，在紫外光关闭时熄灭，而磷光是由于电子在不同能级之间转移而产生的，因此在紫外光关闭时会出现延迟。荧光材料在吸收光辐射时会立即发出亮光，而在光源断开时也会立即熄灭。研究取代基材料的内在变化和合理的复合设计，是红外温度传感器逐步走向传统应用的最直接策略。获取的信号不仅是现代红外温度传感器的基石，也是目标实体众多生理活动的基础，是目标与描绘点之间双向信息交换的重要媒介。

红外温度传感器的工作原理可以分为几个步骤，如图 6-2 所示。①辐射能量收集：传感器的光学部件（如透镜或反射镜）集中来自物体表面的红外辐射能量。②能量转换：集中的红外辐射被导向红外探测器，该探测器将接收到的红外辐射能量转换成电信号。这个电信号的大小与物体表面发射的红外辐射能量成正比。③信号处理：电信号经过放大和处理后，被转换成温度读数。这个过程涉及根据探测器的特性和前期校准数据对信号进行解码。

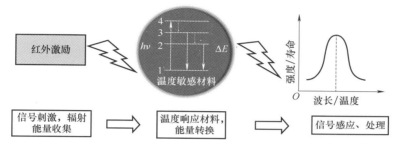

图 6-2 红外温度传感器工作原理示意图

红外温度传感器的无接触测量能力、快速响应和宽测量范围使其成为许多应用中不可或缺的工具。然而，在使用时还需考虑到测量精度可能受到环境因素（如空气中的尘埃、湿度或其他化学物质）的影响，以及物体表面发射率的变化，这些因素都可能影响测量结果的准确性。因此，为了获得准确的测量结果，选择合适的传感器并进行适当的校准和配置是非常重要的。

最近在材料创新、制造和不同应用的结构设计方面取得的重大突破，为红外温度传感器从传统到智能的颠覆性数字化铺平了道路。无创红外温度传感器处于发展的最前沿，利用纳米材料的能力获得任意的、有针对性的和可调谐的响应，适合与宿主材料和设备集成，在没有任何不适感的情况下，将来自目标的各种信号紧密地分解到图像上，消除运动伪影，并在自然环境中收集精确的生理和生化信息。

6.3.1 红外温度传感机制

与其他温度计相比，光学温度传感是精确、持久地确定多个难以接近的目标温度的一种潜在技术。红外成像是一种远距离温度测量方法，不需要物理接触，而是依靠用于制造此类传感器的感温材料的发光信号。图 6-2 为红外温度传感器的原理示意图，基于荧光的温度传感技术表明，由主发光离子和一些发光离子组成的温度敏感材料在受到外部光源激发时，会因能量吸收和发射现象而发出可见光、红外线或紫外线光谱中的辐射。发射波段的强度、寿命和波长取决于对表面温度的评估，因此，选择合适的发光材料对于准确测量温度变化至关重要。

三价稀土离子及其激活的发光材料，因其显著的斯托克斯/反斯托克斯偏移、较长的发光寿命、尖锐的带状发射、从紫外线到红外线的宽波长范围内的充足能级而越来越受到关注，这使得它们成为极具吸引力的发光源，并因其丰富的 4f 能级而可提供所需的发射。在光致发光过程中，通过改变"温度敏感材料"周围区域的温度，可以对上层和下层能量进行热填充和去填充。所谓"热耦合能级"，是指两个能级彼此接近，在这两个能级之间，发光强度比会随着温度的升高或降低而发生有规律的变化，并在待测目标物达到一定温度时，会出现明显的信号峰，代表两个能级之间的能量间隙 ΔE。通过拟合不同温度下的某些数据点，有可能获得发光强度比与温度之间的函数关系。为了监测热变化，通常会使用一些常见的温度感应标准。术语"Q"表示强度、强度比和寿命等荧光指标的值。强度 Q 随温度 T 的变化率被定义为绝对灵敏度 S_a，用式（6-2）表示。为了更好地比较不同指标的荧光测温仪特性，可通过式（6-3）确定它们的相对灵敏度 S_r。引起荧光指示器可感知变化的最小温度变化（δT）称为温度分辨率，用式（6-4）表示。

$$S_a = \left| \frac{\partial Q}{\partial T} \right| \tag{6-2}$$

$$S_r = \left| \frac{1}{Q} \frac{\partial Q}{\partial T} \right| \tag{6-3}$$

$$\delta T = \frac{1}{S_r} \frac{\delta \Delta}{\Delta} \tag{6-4}$$

其中，$\delta\Delta/\Delta$ 是相对于 S_r 的相对误差或与温度相关的标准偏差，与使用光谱分析获取温度读数时发射光谱的信噪比有关。

6.3.2 常用红外温度传感器材料

在现代传感技术中，红外温度传感器材料是一类能够响应红外辐射的材料，它们在环境监测、医疗诊断、军事侦察等领域有着广泛的应用。根据材料的种类和工作机理，红外温度传感器材料主要分为镧系化合物、金属配位配合物、金属有机框架、超材料红外吸收剂和热敏聚合物。

1. 镧系化合物

镧系化合物，特别是掺杂有稀土元素的化合物，因其独特的电子结构和能级跃迁特性，被广泛应用于红外温度传感器中。这些化合物可以通过稀土元素内层电子的 f-f 跃迁吸收或发射红外光，其特定的吸收和发射波长可以通过选择不同的稀土离子来调节，如镧（La）、铈（Ce）、镨（Pr）、钕（Nd）等，它们在红外区域具有特定的吸收和发射特性。

下面介绍几种具体的镧系化合物材料及其工作机制。

钕掺杂氧化钇（$Y_2O_3 : Nd^{3+}$）：钕掺杂氧化钇是一种重要的红外发射材料。钕离子（Nd^{3+}）被掺杂到氧化钇（Y_2O_3）的晶格中，其中 Nd^{3+} 的 4f 电子在受到激发时能够跃迁到较高能级，然后通过非辐射跃迁回到较低的激发态，最终通过辐射跃迁回到基态，过程中释放出特定波长的红外光。这种材料因为可以产生在红外区域内的稳定光源，因此常用于激光和光纤通信等领域。

铈掺杂氟化镧（$LaF_3 : Ce^{3+}$）：铈掺杂的氟化镧是一种有效的红外温度传感器材料，特别是在紫外到可见光区域的转换中。在这种化合物中，Ce^{3+} 的电子能级跃迁能够吸收紫外光，然后通过内部转换机制释放出红外光。这种性质使得 $LaF_3 : Ce^{3+}$ 成为探测紫外辐射并将其转换为红外信号的理想材料，应用于安全、通信和生物医药领域。

钐掺杂硫化镓（GaS：Sm^{3+}）：钐（Sm^{3+}）掺杂硫化镓（GaS）是一种有效的红外光电材料。在这种化合物中，Sm^{3+}离子提供了特定的能级跃迁路径，当电子从一个能级跃迁到另一个能级时，能够吸收或发射红外光。这种材料因其优异的红外光电性能而被用于红外探测器和红外激光器中。

这些镧系化合物的工作机制基于稀土离子的电子能级跃迁。稀土元素的电子配置通常包含4f电子，这些电子位于离子的内层，因而其能级跃迁不易受到晶格环境的影响，能够产生稳定的光谱特性。当这些离子被光激发时，4f电子会从一个能级跃迁到另一个能级，激发态离子可以通过辐射跃迁回到低能级，过程中释放出特定波长的光。这种跃迁可以是在可见光、紫外光或红外光区域，具体取决于掺杂离子的种类和宿主材料的特性。

2. 金属配位配合物

金属配位配合物是由中心金属离子和一个或多个配体分子通过配位键形成的复合体。由于金属离子和配体之间的电子转移或配体内部的电子跃迁，这些材料在红外区域表现出特定的吸收特性。同时，因其可调的电子性质和丰富的结构多样性，在红外温度传感器领域展示了巨大的潜力。它们可以设计用于检测红外光的吸收、发射或变换。

金属配位配合物作为红外传感器的工作机制通常涉及以下几个步骤。

① 光吸收：配合物吸收特定波长的光，通常是可见光或紫外光，导致电子从基态激发到高能态。

② 电荷转移：电子在激发态可以在金属中心和配体之间进行电荷转移，形成激发态电荷分布。

③ 能量释放：激发态电子通过辐射或非辐射过程回到基态，过程中可以发射红外光。

以下是几种具体应用于红外温度传感器的金属配位配合物及其工作机制。

钌（Ⅱ）配合物：钌（Ⅱ）配合物，特别是［$Ru(bpy)_3$］$^{2+}$（bpy代表2，2′-联吡啶），是一种在光物理和光化学研究中广泛使用的配合物。这种配合物在光照条件下，可以通过金属到配体的电荷转移（MLCT）过程吸收可见光，进而产生红外光的发射。其工作机制包括电子从钌金属中心被激发到配体的π^*轨道，然后通过辐射或非辐射过程回到基态，过程中可以发射红外光。

铱（Ⅲ）配合物：铱（Ⅲ）配合物，如［$Ir(ppy)_3$］（ppy代表2-苯并咪唑啉），是另一种用于红外传感的金属配位配合物。铱（Ⅲ）配合物的工作机制同样涉及金属到配体的电荷转移（MLCT），以及配体到金属的电荷转移（LMCT）过程。这些电荷转移过程有助于配合物在受到光激发时吸收特定波长的光，并通过电子的回落过程发射红外光，使其成为高效的红外发光材料。

铜（Ⅰ）配合物：铜（Ⅰ）配合物，尤其是那些含有噻吩类配体的配合物，因其优异的光电性质而被研究用于红外传感。这些配合物的工作原理涉及铜中心和噻吩配体之间的强π-π^*相互作用和电荷转移过程。在适当的光激发下，铜（Ⅰ）配合物可以发生电荷转移，从而在红外区域产生特定的吸收或发射。

这些金属配位配合物通过调整中心金属离子和配体的类型，可以设计出具有特定红外光吸收和发射特性的传感器。通过这种方式，它们在环境监测、生物成像和光电器件等领域发挥着重要作用。

3. 金属有机框架（MOFs）

金属有机框架（Metal-Organic Frameworks，MOFs）是由金属离子或金属团簇与有机配体通过配位键相连形成的多孔结构材料。MOFs因其高比表面积、可调的孔隙性质和功能化的组成，在气体存储、分离、催化以及传感器领域显示出巨大的应用潜力。在红外温度传感器领域，它们可以通过调节金属中心和有机配体的种类，来设计对特定红外波长的响应，或通过其孔隙结构对红外光进行选择性吸收和过滤。整个过程通常涉及几个步骤。

① 孔隙调控吸收：MOFs的孔隙结构可以调控和增强对特定红外波长的吸收能力。孔隙大小和形状对于红外光的吸收和散射特性有显著影响。

② 化学吸附：MOFs能够通过其孔隙表面的化学吸附作用吸附特定分子，这些分子的吸附会导致MOFs对红外光的吸收特性发生变化，从而实现对特定气体或环境变化的敏感检测。

③ 功能化配体：通过引入具有特定吸收特性的功能化配体，可以进一步调节MOFs对红外光的响应。这包括通过引入能够与红外光发生相互作用的有机配体，来提高MOFs的红外吸收或发射性能。另外，某些MOFs独特的物理化学性质使它们能够作为高效的红外光探测和转换材料。

以下是几种具体用于红外温度传感器的MOFs及其工作机制。

基于Zn(Ⅱ)的MOFs：如ZIF-8[Zn(mlm)$_2$]，是一种含有锌离子（Zn^{2+}）和2-甲基咪唑（mlm）配体的金属有机框架，属于沸石咪唑骨架（Zeolitic Imidazolate Frameworks，ZIFs）家族。在红外传感应用中，ZIF-8可以通过其多孔结构对红外光波长进行选择性吸收。工作机制主要基于其特定的孔隙结构和化学组成，能够影响穿过材料的红外光的传播方式，从而实现对特定红外波段的筛选和检测。

基于UiO-66的MOFs：UiO-66（UiO代表奥斯陆大学）是一种含有锆（Zr^{4+}）中心的MOFs，其结构稳定性和化学可调性使其在红外传感中表现出色。UiO-66通过调整有机配体或通过掺杂其他功能性分子，可以设计出对特定红外波长敏感的结构。这种MOFs可以作为红外光吸收材料，利用其对特定波长光的吸收特性来进行红外探测。

基于MOF-5的MOFs：MOF-5是一种早期开发的金属有机框架，由锌离子（Zn^{2+}）和对苯二甲酸（BDC）配体组成。在红外传感领域，MOF-5可以通过其多孔结构和金属节点对红外光进行有效地吸收和转换。特别是，其孔隙可以对特定化合物进行吸附，这些化合物吸附后会改变MOF-5对红外光的吸收特性，从而实现对特定气体或分子的检测。

这些MOFs因其结构可调性和高比表面积，在红外传感领域展示了独特的性能，不仅能够作为红外光的吸收材料，也能够通过化学吸附等方式实现对环境中特定分子的敏感检测。随着研究的深入和新型MOFs的开发，期待这些材料在红外传感以及其他相关领域的应用将进一步扩展。

4. 超材料红外吸收剂

超材料是一类具有自然界中不存在的特殊电磁性质的人造材料，其结构设计使它们能够对电磁波进行异常的反射、折射、吸收等，超出传统材料的性能。在红外传感领域，超材料因其独特的红外吸收能力而被广泛研究。依赖于其结构设计，如大小、形状、排列和材料组成，允许它们在非常窄的波长范围内高效吸收红外光，适用于红外探测、热成像、光热转换等多种应用。

以下是几种具体的用作红外温度传感器的超材料红外吸收剂及其工作机制。

金属微纳结构超材料：金属微纳结构超材料通过精细设计的金属微纳米尺度图案（如分形、环形或条形结构），来实现对红外光的高效吸收。这些结构能够在红外频段内激发表面等离激元共振（Surface Plasmon Resonances，SPR），增强材料对红外光的吸收。当红外光照射到这些微纳结构上时，与结构尺寸相近的光波长能够激发电子的集体振荡，即表面等离激元，这种振荡强烈地局域化了电磁场，导致在特定波长处的光能被强烈吸收。

石墨烯基超材料：石墨烯是一种具有单层碳原子的二维材料，其独特的电子性质使其在红外区域展现出卓越的吸收特性。通过在石墨烯上构造特定的微纳结构或与其他材料复合，可以形成石墨烯基超材料，进一步调控其对红外光的吸收。石墨烯基超材料利用石墨烯的电子迁移性和微纳结构引入的表面等离激元共振，可实现对红外光的选择性吸收。通过调节石墨烯层的数量、堆叠方式或微纳结构的设计，可以精确控制吸收特性，以满足特定红外传感应用的需求。

贵金属-半导体复合超材料：将贵金属（如金、银）纳米颗粒与半导体材料（如硅、硒化镉）复合，可以制备出具有强烈红外吸收能力的超材料。这种复合材料利用金属的等离激元共振和半导体的带隙特性，实现对红外光的高效吸收。在这种超材料中，贵金属纳米颗粒的加入能够在红外区域激发强烈的表面等离激元共振，而半导体材料的选择可以根据其带隙特性，来调整对特定红外波长的吸收。这种金属-半导体的相互作用不仅增强了红外吸收，还可以通过调节组分和结构来优化红外响应范围。

这些超材料红外吸收剂通过精巧的结构设计和材料选择，实现了对红外光的高效吸收和控制。它们在红外温度传感器、热成像技术以及能量收集和转换领域有着广泛的应用前景。随着纳米技术和材料科学的进步，预期会有更多创新的超材料被开发出来，以满足未来技术的需求。

5. 热敏聚合物

热敏聚合物是一类能够对温度变化产生物理或化学响应的高分子材料。在红外传感应用中，这些材料可以通过吸收红外辐射而发热，进而引起材料性质的变化，如电阻、折射率或颜色的改变。热敏聚合物的主要优势在于它们对温度变化的高灵敏度和快速响应性，使得它们适用于温度监测和红外成像等应用。

以下是几种具体用作红外温度传感器的热敏聚合物及其工作机制。

聚苯乙烯微球（Polystyrene Microspheres）：聚苯乙烯微球对温度极为敏感，温度上升可导致微球膨胀，而温度下降则导致其收缩。这种尺寸的变化会影响微球之间的距离和排列，从而改变聚合物材料对红外光的吸收和散射能力，实现温度的红外监测。因此，聚苯乙烯微球可以用作热成像领域的红外传感材料。当温度变化时，微球的尺寸和排列会发生变化，进而改变材料的折射率和散射特性。

热敏液晶聚合物：在特定温度范围内，热敏液晶聚合物中的液晶相可以从一种相态转变为另一种，如从向列相变为层状相。这种相变伴随着聚合物的光学性质变化，如颜色、透明度和折射率的变化，通过观察这些变化可以对温度进行精确的监测。热敏液晶聚合物的光学性质随温度变化而改变，这使得它们可以用于精确的温度检测和红外成像。

热敏性导电聚合物：热敏性导电聚合物如聚吡咯（PPy）和聚苯胺（PANI），可以通过温度变化调控其电导率，通过温度诱导的结构重排或掺杂水平的变化来实现。当温度变化时，聚合物链的排列和电子传输路径可能会发生变化，导致材料的电导率显著变化。通过测量电导率的变化，可以间接检测到红外辐射引起的温度变化，适用于温度传感和红外探测。

热敏性形状记忆聚合物：形状记忆聚合物在被加热到特定温度（记忆温度）以上时，能够记住其形状。当温度变化时（如被红外辐射加热），聚合物会从其程序化的临时形状自动回复到原始形状。这一形状变化可以用作红外信号的响应，实现对红外辐射的检测。形状记忆聚合物能够在经历一定的温度变化后，从临时形状回复到其原始形状，这一特性可用于开发新型的红外传感应用。

这些热敏聚合物在红外温度传感器领域的应用，展现了材料科学在感测技术方面的创新和多样性。通过精确控制聚合物的化学结构和物理形态，可以设计出高度敏感和特定功能的红外温度传感器材料，满足现代科技对高性能传感器的需求。随着新材料的发现和现有材料性能的优化，热敏聚合物在红外传感领域的应用前景将越来越广阔。

红外温度传感器材料的选择和设计，是根据其应用需求和工作环境来定制的。每种材料类型都有其独特的特性和工作机理，从稀土掺杂的镧系化合物，到可设计的超材料和热敏聚合物，这些材料的发展不仅推动了红外传感技术的进步，也为解决实际问题和满足特定应用需求提供了广泛的选择。随着材料科学的不断进步，预计将会有更多新型红外温度传感器材料被开发出来，以满足更高性能和更广泛应用的需求。

6.4　湿度传感器

湿度传感器是一种用于测量和监测环境中的湿度水分含量的设备。它在许多领域中得到了广泛的应用，如气象观测、农业、建筑、医疗等。湿度对于许多物质和过程的性能和稳定性都具有重要影响，因此准确地测量湿度水分含量对于许多应用至关重要。

湿度传感器基于不同的物理原理来测量湿度水分含量。以下是几种常见的湿度传感器工作原理。

电容式湿度传感器利用材料在不同湿度下的电容变化来测量湿度水分含量。通常，电容式传感器由两个金属电极之间的一层湿度敏感材料组成。当湿度增加时，湿度敏感材料吸收水分，导致电容值增加。测量电容变化可以确定湿度水分含量。电容式湿度传感器可实现高精度测量，广泛应用于气象观测、农业、建筑等领域。

电阻式湿度传感器基于湿度对电阻值的影响来测量湿度水分含量。这种传感器通常使用一种湿度敏感材料，例如聚合物或陶瓷，作为电阻元件。当湿度增加时，湿度敏感材料吸收水分，导致电阻值变化。通过测量电阻的变化，可以确定湿度水分含量。电阻式湿度传感器具有较低成本和较小的尺寸，适用于一些需要快速响应和紧凑设计的应用。

热电湿度传感器利用湿度对热传导的影响来测量湿度水分含量。传感器中包含一个加热元件和一个温度传感器。当空气中的湿度增加时，湿度敏感元件吸收水分并导致传热率增加。测量温度传感器的温度变化可以确定湿度水分含量。热电湿度传感器可以提供较高的精度和稳定性，在医疗、工业和气象等领域得到广泛应用。

表面张力湿度传感器利用湿度对液体表面张力的影响来测量湿度水分含量。传感器中包含一个液滴或薄膜，当湿度增加时，液滴或薄膜的形态会发生变化。通过测量液滴或薄膜形态的变化，可以确定湿度水分含量。表面张力湿度传感器对液体湿度的测量非常敏感，主要应用于化学实验室、食品加工等领域。

光学湿度传感器基于湿度对光的折射率、散射或吸收的影响来测量湿度水分含量。这些传感器通常使用特定的光学材料和探测技术，如红外吸收、散射光强度等，来检测湿度的变化。光学湿度传感器通过光学原理进行湿度测量，可以实现非接触式测量，并且对环境干扰较小。常见应用包括制药、生物实验室等。

6.4.1　湿度传感器的分类

根据湿敏元件使用材料的不同，湿度传感器有以下三种类型：

1）电解质型：电解质湿敏元件是利用潮解性盐类受潮后电阻发生变化制成的湿敏元件。最常用的是电解质氯化锂（LiCl）。氯化锂极易潮解，并产生离子导电，随湿度升高而电阻减小。

从1938年顿蒙发明这种元件以来，在较长的使用实践中，对氯化锂的载体及元件尺寸做了许多改进，提高了响应速度和扩大测湿范围。氯化锂湿敏元件的工作原理是基于湿度变化能引起电介质离子导电状态的改变，使电阻值发生变化。结构形式有顿蒙式和含浸式。顿蒙式氯化锂湿敏元件是在聚苯乙烯圆筒上平行地绕上钯丝电极，然后把皂化聚乙烯醋酸酯与氯化锂水溶液混合液均匀地涂在圆筒表面上制成，测湿范围约为相对湿度30%。含浸式氯化锂湿敏元件是由天然树皮基板用氯化锂水溶液浸泡制成的。植物的髓脉具有细密的网状结构，有利于水分子的吸入和放出。20世纪70年代研制成功的玻璃基板含浸式湿敏元件，采用两种不同浓度的氯化锂水溶液浸泡多孔无碱玻璃基板（孔径平均50nm），可制成测湿范围为相对湿度20%~80%的元件。

氯化锂元件具有滞后误差较小、不受测试环境的风速影响、不影响和破坏被测湿度环境等优点，但因其基本原理是利用潮解盐的湿敏特性，经反复吸湿、脱湿后，会引起电解质膜变形和性能变劣，尤其遇到高湿及结露环境时，会造成电解质潮解而流失，导致元件损坏。

2）陶瓷型：一般以金属氧化物为原料，通过陶瓷工艺，制成一种多孔陶瓷，利用多孔陶瓷的阻值对空气中水蒸气的敏感特性而制成。

许多金属氧化物如氧化铝、四氧化三铁、钽氧化物等都有较强的吸脱水性能，将它们制成烧结薄膜或涂布薄膜可制作多种湿敏元件。把铝基片置于草酸、硫酸或铬酸电解槽中进行阳极氧化，形成氧化铝多孔薄膜，通过真空蒸发或溅射工艺，在薄膜上形成透气性电极。这种多孔质的氧化铝湿敏元件互换性好，低湿范围测湿的时间响应速度较快，滞后误差小，常用于高空气球上测湿度。四氧化三铁胶体的优点是固有电阻低，长期置于大气环境表面状态不会变化，胶体粒子间相互吸引黏结紧密等。它是一种物美价廉、较早投入批量生产的湿敏元件，在湿度测量和湿度控制方面都有大量应用。

将极其微细的金属氧化物颗粒在高温1300℃下烧结，可制成多孔体的金属氧化物陶瓷，在这种多孔体表面加上电极，引出接线端子就可做成陶瓷湿敏元件。湿敏元件使用时必须裸露于测试环境中，故油垢、尘土和有害于元件的物质都会使其物理吸附和化学吸附性能发生变化，引起元件特性变坏。而金属氧化物陶瓷湿敏元件的陶瓷烧结体物理和化学状态稳定，可以用加热去污方法恢复元件的湿敏特性，而且烧结体的表面结构极大地扩展元件表面与水蒸气的接触面积，使水蒸气易于吸着和脱去，还可通过控制元件的细微构造使物理性吸附占主导地位，获得最佳的湿敏特性。因此陶瓷湿敏元件的使用寿命长、元件特性稳定，是目前最有可能成为工程应用的主要湿敏元件之一。陶瓷湿敏元件的使用温度为 0~160℃。

3）高分子型：高分子材料湿敏元件是利用有机高分子材料的吸湿性能与膨润性能制成的湿敏元件。常用的高分子材料是醋酸纤维素、尼龙和硝酸纤维素等。制备流程是先在玻璃等绝缘基板上蒸发梳状电极，通过浸渍或涂覆，使其在基板上附着一层有机高分子感湿膜。

有机高分子的材料种类也很多，工作原理也各不相同。吸湿后，介电常数发生明显变化的高分子电介质，可做成电容式湿敏元件（图 6-3a）。吸湿后电阻值改变的高分子材料，可做成电阻变化式湿敏元件（图 6-3b）。

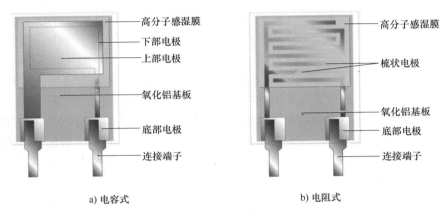

a) 电容式   b) 电阻式

图 6-3　高分子型湿度传感器结构

高分子湿敏元件的薄膜做得极薄，一般约 500nm，使元件易于很快地吸湿与脱湿，减少了滞后误差，响应速度快。这种湿敏元件的缺点是不宜用于含有机溶媒气体的环境，元件也不能耐 80℃ 以上的高温。

6.4.2　湿度传感器的特性参数

湿度传感器的特性参数主要有：湿度量程、感湿特征量-相对湿度特性曲线、灵敏度、湿度温度系数、响应时间、湿滞回差等。

1）湿度量程：是指湿度传感器能够较精确测量的环境湿度的最大范围。由于各种湿度传感器所使用的材料及依据的工作原理不同，其特性并不都能适用于相对湿度在 0~100% 的整个范围。

2）感湿特征量-相对湿度特性曲线：湿度传感器的输出变量称为其感湿特征量，如电阻、电容等。湿度传感器的感湿特征量随环境湿度的变化曲线，称为传感器的感湿特征量-相对湿度特性曲线，简称为感湿特性曲线。性能良好的湿度敏感器件的感湿特性曲线，应有宽的线性范围和适中的灵敏度。

3）灵敏度：湿度传感器的灵敏度即其感湿特性曲线的斜率。大多数湿度敏感器件的感湿特性曲线是非线性的，因此尚无统一的表示方法。较普遍采用的方法是用器件在不同环境湿度下的感湿特征量之比来表示。

4）湿度温度系数：它定义为在器件感湿特征量恒定的条件下，该感湿特征量值所表示的环境相对湿度随环境温度的变化率，即

$$\alpha = \frac{\mathrm{d}(RH)}{\mathrm{d}T} \tag{6-5}$$

因此，环境温度将造成测湿误差。例如，$\alpha = 0.3\%$ RH/℃ 时，环境的温度变化 20℃，将引起 6% RH 的测湿误差。

5）响应时间：它表示当环境湿度发生变化时，传感器完成吸湿或脱湿以及动态平衡过程所需时间的特性参数。响应时间用时间常数 τ 来定义，即感湿特征量由起始值变化到终止值的 0.632 时所需的时间。可见，响应时间与环境相对湿度的起、止值密切相关。

6）湿滞回线和湿滞回差：一个湿度传感器在吸湿和脱湿两种情况下的感湿特性曲线不相重复，一般可形成回线，这种特性称为湿滞特性；其曲线称为湿滞回线。在湿滞回线上所表示的最大量差值为湿滞回差。

6.5　气敏传感器

气敏传感器是气体检测系统的核心。从本质上讲，气敏传感器是一种将某种气体体积分数转化成对应电信号的转换器。探测头通过气敏传感器对气体样品进行调制，通常包括滤除杂质和干扰气体、干燥或制冷处理、样品抽吸，甚至对样品进行化学处理，以便化学传感器进行更快速的测量。

气体的采样方法直接影响传感器的响应时间。目前，气体的采样方式主要是通过简单扩散法，或是将气体吸入检测器。简单扩散是利用气体自然向四处传播的特性。目标气体穿过探头内的传感器，产生一个正比于气体体积分数的信号。由于扩散过程渐趋减慢，所以扩散法需要探头的位置非常接近于测量点。扩散法的一个优点是将气体样本直接引入传感器而无需物理和化学变换。样品吸入式探头通常用于采样位置接近处理仪器或排气管道。这种技术可以为传感器提供一种速度可控的稳定气流，所以在气流大小和流速经常变化的情况下，这种方法较值得推荐。将测量点的气体样本引到测量探头可能经过一段距离，距离的长短主要是根据传感器的设计，但采样线较长会加大测量滞后时间，该时间是采样线长度和气体从泄漏点到传感器之间流动速度的函数。对于某种目标气体和汽化物，如 SiH_4 以及大多数生物溶剂，气体和汽化物样品量可能会因为其吸附作用，甚至凝结在采样管壁上而减少。

气敏传感器的主要特性有：

1）稳定性：是指传感器在整个工作时间内基本响应的稳定性，取决于零点漂移和区间漂移。零点漂移是指在没有目标气体时，整个工作时间内传感器输出响应的变化。区间漂移是指传感器连续置于目标气体中的输出响应变化，表现为传感器输出信号在工作时间内的降低。理想情况下，一个传感器在连续工作条件下，每年零点漂移小于 10%。

2）灵敏度：是指传感器输出变化量与被测输入变化量之比，主要依赖于传感器结构所使用的技术。大多数气敏传感器的设计原理都采用生物化学、电化学、物理和光学。首先要考虑的是选择一种敏感技术，它对目标气体的阈限值（Threshold Limit Value）或最低爆炸限（Lower Explosive Limit）的百分比的检测要有足够的灵敏性。

3）选择性：也称为交叉灵敏度。可以通过测量由某一种浓度的干扰气体所产生的传感

器响应来确定。这个响应等价于一定浓度的目标气体所产生的传感器响应。这种特性在追踪多种气体的应用中是非常重要的，因为交叉灵敏度会降低测量的重复性和可靠性，理想传感器应具有高灵敏度和高选择性。

4）抗腐蚀性：是指传感器暴露于高体积分数目标气体中的能力。在气体大量泄漏时，探头应能够承受期望气体体积分数的 10～20 倍。在返回正常工作条件下，传感器漂移和零点校正值应尽可能小。

6.5.1 气敏传感器的分类

气敏传感器的基本特征，即灵敏度、选择性以及稳定性等，主要通过材料的选择来确定。选择适当的材料和开发新材料，使气敏传感器的敏感特性达到最优。通常以材料的气敏特性来分类，主要有：半导体气敏传感器、电化学型气敏传感器、固体电解质气敏传感器、接触燃烧式气敏传感器、光学式气敏传感器、高分子气敏传感器等。

1. 半导体气敏传感器

半导体气敏传感器是采用金属氧化物或金属半导体氧化物材料做成的元件，与气体相互作用时产生表面吸附或反应，引起以载流子运动为特征的电导率或伏安特性或表面电位变化。这些都是由材料的半导体性质决定的。

自从 1962 年半导体金属氧化物陶瓷气敏传感器问世以来，半导体气敏传感器已经成为当前应用最普遍、最具有实用价值的一类气敏传感器，根据其气敏机制又可以分为电阻型和非电阻型两种，见表 6-1。

表 6-1　半导体气敏传感器分类与对比

分类	特性	敏感材料	工作温度	代表性被测气体
电阻型	表面电阻控制型	SnO_2、ZnO	室温～450℃	可燃性气体
	体电阻控制型	γ-Fe_2O_3	300～450℃	乙醇、可燃性气体
		TiO_2	700℃ 以上	氧气
非电阻型	表面电位	Ag_2O	室温	硫醇
	二极管整流特性	Pb-CdS	室温～200℃	H_2、CO、乙醇
	晶体管特性	Pd-MOSFET	150℃	H_2、H_2S

电阻型半导体气敏传感器主要是指半导体金属氧化物陶瓷气敏传感器，是一种用金属氧化物薄膜（例如：SnO_2、ZnO、Fe_2O_3、TiO_2 等）制成的阻抗器件，其电阻随着气体含量不同而变化。气味分子在薄膜表面进行还原反应，以引起传感器传导率的变化。为了消除气味分子，还必须发生一次氧化反应，传感器内的加热器有助于氧化反应进程。它具有成本低廉、制造简单、灵敏度高、响应速度快、寿命长、对湿度敏感低和电路简单等优点。不足之处是必须工作于高温下、对气味或气体的选择性差、元件参数分散、稳定性不够理想、功率要求高。当探测气体中混有硫化物时，容易中毒。现在除了传统的 ZnO、SnO_2 和 Fe_2O_3 三大类外，又研究开发了复合金属氧化物以及混合金属氧化物，大大提高了气敏传感器的特性和应用范围。另外，通过在半导体内添加 Pt、Pd、Ir 等贵金属催化剂，能有效地提高元件的灵敏度和响应时间。它能降低被测气体的化学吸附的活化能，因而可以提高其灵敏度和加

快反应速度。催化剂不同，有利于不同的吸附试样，从而具有选择性。例如各种贵金属对 SnO_2 基半导体气敏材料掺杂，Pt、Pd、Au 提高对 CH_4 的灵敏度，Ir 降低对 CH_4 的灵敏度；Pt、Au 提高对 H_2 的灵敏度，而 Pd 降低对 H_2 的灵敏度。利用薄膜技术、超粒子薄膜技术制造的金属氧化物气敏传感器，具有灵敏度高（可达 10^{-9} 级）、一致性好、小型化、易集成等特点。

非电阻型半导体气敏传感器是 MOS 二极管式和结型二极管式以及场效应晶体管式（MOSFET）半导体气敏传感器。其电流或电压随着气体含量而变化，主要检测氢和硅烷气等可燃性气体。其中，MOSFET 气敏传感器工作原理是挥发性有机化合物（VOC）与催化金属接触发生反应，反应产物扩散到 MOSFET 的栅极，改变了器件的性能。通过分析器件性能的变化而识别 VOC。通过改变催化金属的种类和膜厚可优化灵敏度和选择性，并可改变工作温度。MOSFET 气敏传感器灵敏度高，但制作工艺比较复杂，成本高。

2. 电化学型气敏传感器

电化学型气敏传感器可分为原电池式、可控电位电解式、电量式和离子电极式四种类型。原电池式气敏传感器通过检测电流来检测气体的体积分数，市售的检测缺氧的仪器几乎都配有这种传感器。近年来，又开发了检测酸性气体和毒性气体的原电池式传感器。可控电位电解式传感器是通过测量电解时流过的电流来检测气体的体积分数，和原电池式不同的是，需要由外界施加特定电压，除了能检测 CO、NO、NO_2、O_2、SO_2 等气体外，还能检测血液中的氧体积分数。电量式气敏传感器是通过被测气体与电解质反应产生的电流来检测气体的体积分数。离子电极式气敏传感器出现得较早，通过测量离子极化电流来检测气体的体积分数。电化学型气敏传感器主要的优点是检测气体的灵敏度高、选择性好。

3. 固体电解质气敏传感器

固体电解质气敏传感器是一种以离子导体为电解质的化学电池。20 世纪 70 年代开始，固体电解质气敏传感器由于电导率高、灵敏度和选择性好，获得了迅速的发展，现在几乎应用于环保、节能、矿业、汽车工业等各个领域，其产量大、应用广，仅次于金属氧化物半导体气敏传感器。近来国外有些学者把固体电解质气敏传感器分为下列三类：

1）材料中吸附待测气体派生的离子与电解质中的移动离子相同的传感器，例如氧气传感器等。

2）材料中吸附待测气体派生的离子与电解质中的移动离子不相同的传感器，例如用于测量氧气的由固体电解质和 Pt 电极组成的气敏传感器。

3）材料中吸附待测气体派生的离子与电解质中的移动离子以及材料中的固定离子都不相同的传感器，例如新开发高质量的 CO_2 固体电解质气敏传感器是由固体电解质 NaSiCON（$Na_3Zr_2Si_2PO_{12}$）和辅助电极材料 Na_2CO_3-$BaCO_3$ 或 Li_2CO_3-$CaCO_3$、Li_2CO_3-$BaCO_3$ 组成的。

4. 接触燃烧式气敏传感器

接触燃烧式气敏传感器可分为直接接触燃烧式和催化接触燃烧式，如图 6-4 所示。其工作原理是气敏材料（如 Pt 电热丝等）在通电状态下，可燃性气体氧化燃烧或者在催化剂作用下氧化燃烧，电热丝由于燃烧而升温，从而使其电阻值发生变化。

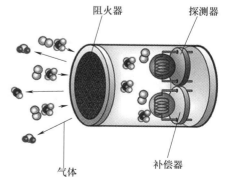

141

图 6-4　接触燃烧式气敏传感器结构示意图

这种传感器对不燃烧气体不敏感，例如在铅丝上涂覆活性催化剂 Rh 和 Pd 等制成的传感器，具有广谱特性，即能检测各种可燃气体。这种传感器有时称之为热导性传感器，普遍适用于石油化工厂、造船厂、矿井隧道和浴室厨房的可燃性气体的监测和报警。该传感器在环境温度下非常稳定，并能对处于爆炸下限的绝大多数可燃性气体进行检测。

5. 光学式气敏传感器

光学式气敏传感器包括红外吸收型、光谱吸收型、荧光型、光纤化学材料型等，主要以红外吸收型气体分析仪为主，由于不同气体的红外吸收峰不同，通过测量和分析红外吸收峰来检测气体。目前的最新动向是研制开发了流体切换式、流程直接测定式和傅里叶变换式在线红外分析仪。该传感器具有高抗振能力和抗污染能力，与计算机相结合，能连续测试分析气体，具有自动校正、自动运行的功能。

光学式气敏传感器还包括化学发光式、光纤荧光式和光纤波导式，其主要优点是灵敏度高、可靠性好。光纤荧光式气敏传感器的主要部分是两端涂有活性物质的玻璃光纤。活性物质中含有固定在有机聚合物基质上的荧光染料，当 VOC 与荧光染料发生作用时，染料极性发生变化，使其荧光发射光谱发生位移。用光脉冲照射传感器时，荧光染料会发射不同频率的光，检测荧光染料发射的光，可识别 VOC。

6. 高分子气敏传感器

近年来，高分子气敏材料的研究和开发上有了很大的进展，高分子气敏材料由于具有易操作性、工艺简单、常温选择性好、价格低廉、易与微结构传感器和声表面波器件相结合等特点，在毒性气体和食品鲜度等方面的检测具有重要作用。高分子气敏传感器根据气敏特性主要可分为下列几种：

1）高分子电阻式气敏传感器：该类传感器是通过测量高分子气敏材料的电阻来测量气体的体积分数，目前的材料主要有 LB 膜、聚吡咯等。其主要优点是制作工艺简单、成本低廉。但这种气敏传感器要通过电聚合过程来激活，这既耗费时间，又会引起各批次产品之间的性能差异。

2）浓差电池式气敏传感器：浓差电池式气敏传感器的工作原理是，气敏材料吸收气体时形成浓差电池，测量输出的电动势就可测量气体体积分数，目前主要有聚乙烯醇-磷酸等材料。

3）声表面波（SAW）式气敏传感器：SAW 气敏传感器制作在压电材料的衬底上，一端的表面为输入传感器，另一端为输出传感器。两者之间的区域淀积了能吸附 VOC 的聚合物膜。被吸附的分子增加了传感器的质量，使得声波在材料表面上的传播速度或频率发生变化，通过测量声波的速度或频率来测量气体体积分数。主要气敏材料有聚异丁烯、氟聚多元醇等，用来测量苯乙烯和甲苯等有机蒸气。其优势在于选择性高、灵敏度高、在很宽的温度范围内稳定、对湿度响应低和良好的可重复性。SAW 传感器输出为准数字信号，因此可简便地与微处理器接口。此外，SAW 传感器采用半导体平面工艺，易于将传感器与相配的电子器件结合在一起，实现微型化、集成化，从而降低测量成本。

4）石英振子式气敏传感器：石英晶体微天平（QCM）由直径为数微米的石英振动盘和制作在盘两边的电极构成。当振荡信号加在器件上时，器件会在它的特征频率约 30MHz 发生共振。振动盘上沉积了有机聚合物，聚合物吸附气体后，使器件质量增加，从而引起石英振子的共振频率降低，通过测定共振频率的变化来识别气体。

高分子气敏传感器对特定气体分子的灵敏度高、选择性好，结构简单，可在常温下使用，补充其他气敏传感器的不足，发展前景良好。

6.5.2　气敏传感器的发展方向

近年来，由于在工业生产、家庭安全、环境监测和医疗等领域对气敏传感器的精度、性能、稳定性方面的要求越来越高，因此对气敏传感器的研究和开发也越来越重要。随着先进科学技术的应用，气敏传感器发展的趋势是微型化、智能化和多功能化。深入研究和掌握有机、无机、生物和各种材料的特性及相互作用，理解各类气敏传感器的工作原理和作用机理，正确选择各类传感器的敏感材料，灵活运用微机械加工技术、敏感薄膜形成技术、微电子技术、光纤技术等，使传感器性能最优化是气敏传感器的发展方向。

对气敏传感器材料的研究表明，金属氧化物半导体材料 ZnO、SnO_2 和 Fe_2O_3 等已趋于成熟化。现在这方面的工作主要有两个方向：一是利用化学修饰改性方法，对现有气体敏感膜材料进行掺杂、改性和表面修饰等处理，并对成膜工艺进行改进和优化，提高气敏传感器的稳定性和选择性；二是研制开发新的气体敏感膜材料，如复合型和混合型半导体气敏材料、高分子气敏材料，使得这些新材料对不同气体具有高灵敏度、高选择性、高稳定性。由于有机高分子敏感材料具有材料丰富、成本低、制膜工艺简单、易于与其他技术兼容、在常温下工作等优点，已成为研究的热点。

随着人们生活水平的不断提高和对环保的日益重视，对各种有毒、有害气体的探测，对大气污染、工业废气的监测以及对食品和居住环境质量的检测，都对气敏传感器提出了更高的要求。纳米、薄膜技术等新材料研制技术的成功应用，为气敏传感器集成化和智能化提供了很好的前提条件。气敏传感器将在充分利用微机械与微电子技术、计算机技术、信号处理技术、传感技术、故障诊断技术、智能技术等多学科综合技术的基础上得到发展。研制能够同时监测多种气体的全自动数字式的智能气敏传感器，将是该领域的重要研究方向。

采用先进的加工技术和微结构设计，研制新型传感器及传感器系统，如光波导气敏传感器、高分子声表面波和石英谐振式气敏传感器的开发与使用，微生物气敏传感器和仿生气敏传感器的研究。随着新材料、新工艺和新技术的应用，气敏传感器的性能更趋完善，使传感器的小型化、微型化和多功能化具有长期稳定性好、使用方便、价格低廉等优点。

6.6　光纤传感器

光纤传感器（Fibre Sensor）凭借极高的灵敏度和精度、抗电磁干扰、高绝缘强度、耐腐蚀、无源、能与数字通信系统兼容等优点，发展势头尤其迅猛。随着光纤传感技术的不断改进及成熟，其应用领域不断拓展，在石油石化、交通、电力、汽车及安防等工业领域得到广泛应用，推动了我国光纤传感器行业规模的增长。

光纤传感器的基本工作原理是将来自光源的光经过光纤送入调制器，使待测参数与进入调制区的光相互作用后，导致光的光学性质发生变化，成为被调制的信号光，再经过光纤送入光探测器，经解调后，获得被测参数。与传统的各类传感器相比，光纤传感器的优点是用光作为敏感信息的载体，用光纤作为传递敏感信息的媒质，具有光纤及光学测量的特点，使其拥有一系列独特的优点。光纤传感器可用于位移、振动、转动、压力、弯曲、应变等的测量。

6.6.1　光纤布拉格光栅传感器

光纤布拉格光栅传感器（Fiber Bragg Grating Sensor）是一种基于光纤光栅技术的传感器，利用光纤中的布拉格光栅结构实现对光波的频率选择性反射，从而实现对物理量的测量。它是一种准分布式的传感器。

布拉格父子发现准单色射线源从某一个特定角度入射晶体中时，所有的入射光会集中到一个特定的方向上，在光纤光栅中也有类似的效果。通过待测量调制入射光束的波长，测量反射光的波长变化进行检测。由于波长不受总体光强水平、连接光纤以及耦合器处的损耗或者光源能量的影响，因此比其他光的调制方式更加稳定。

自 1978 年加拿大 Hill 等人研制出世界上第一个光纤布拉格传感器之后，人们对其的重视程度呈指数级增长，光纤光栅传感技术如雨后春笋般发展起来。现如今，光纤光栅传感器广泛应用于对测量要求极为苛刻的领域，如航空航天、船舶以及医疗领域，其已经是世界上最有发展前景、最具代表性的光学无源器件之一。

相对于传统的电学传感器，光纤光栅传感器有其无法比拟的优势，主要有以下几个方面：

1）高灵敏度：光纤光栅传感器能够实现高度灵敏的测量，可以检测微小的物理量变化。光栅结构对光信号的特征参数变化非常敏感，因此可以实现高分辨率的测量。

2）抗干扰能力强：光纤光栅传感器采用光纤作为传输介质，不受电磁干扰的影响。相比于电气传感器，它具有更好的抗干扰性能，适用于复杂的环境条件。

3）长测距能力：光纤光栅传感器可以通过延长光纤的长度来实现长距离的测量，可以覆盖较大的监测范围。这使得它在一些需要远距离监测的应用中非常有用，如管道、桥梁等。

4）大规模应用：光纤光栅传感器可以在光纤中引入多个光栅结构，构成传感阵列。采用多路复用技术，实现对多个物理量的同时测量。与"波分复用""时分复用"和"空分复用"技术相结合，构成大规模分布式传感网络。

5）高温、高压等极端环境适应性：光纤光栅传感器可以通过选择合适的光纤材料和光栅结构设计，实现在高温、高压等极端环境下的稳定工作。这使得它在一些特殊应用领域，如航空航天、能源等，具有广泛的应用前景。

6）无电源需求：光纤光栅传感器不需要外部电源供应，其工作原理是基于光学原理的，因此可以在无电源或难以接触的环境中使用，具有较高的可靠性和安全性。

7）光纤光栅传感器体积小，重量轻，直径可轻松达到 0.3mm，稳定性及重复性好，可以埋入到大型结构中测量内部的应变及结构损伤等。

但光纤光栅体积小也带来了一些缺点，其主要材料为二氧化硅，抗拉不抗剪切，在一些粗放式安装或者操作不当时极易引起脆断导致传感器失效。因此，对光纤光栅传感器的封装也是目前光纤传感器领域的一大研究方向之一。

光纤光栅传感系统主要由宽带光源、光纤光栅传感器、信号解调系统等组成。宽带光源为系统提供光能量，光纤光栅传感器利用光源的光波感应外界被测量的信息，外界被测量的信息通过信号解调系统实时地反映出来。如图 6-5 所示，光纤光栅传感器由内到外分别为纤芯层、包层及涂覆层。纤芯中间的数个小段即为光栅，每两个小段之间都是一个光栅周期，对于满足布拉格条件的光波会被栅区反射回去，根据叠加原理形成反射谱的尖峰（布拉格尖峰），尖峰的横坐标中心记为该光纤光栅的中心波长。

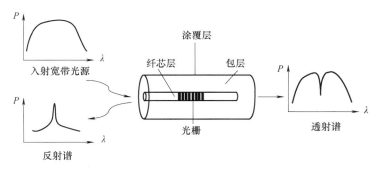

图6-5　光纤光栅传感原理示意图

光纤光栅周期在几百纳米量级，当某一宽带光源的光入射到光纤光栅中时，折射率分布的周期性结构导致某一特定波长光的反射，反射光的波长由布拉格公式确定：

$$\lambda = 2n_{\text{eff}}\Lambda \tag{6-6}$$

式中，λ、n_{eff} 和 Λ 分别为光纤光栅的反射波长、有效折射率和周期。

当环境温度和光纤光栅受到应变作用时，光纤光栅的反射波长发生改变，改变量由下式给出：

$$\frac{\Delta\lambda}{\lambda} = (1-p_{\text{e}})\varepsilon + (\alpha+\xi)\Delta T \tag{6-7}$$

式中，p_{e} 为有效弹光系数；ε 为光纤的轴向应变；α 为弹性体的热膨胀系数；ξ 为光纤的热光系数；ΔT 为温度改变量。

如果光纤光栅不受应变作用时，式（6-7）变为

$$\frac{\Delta\lambda}{\lambda} = (\alpha+\xi)\Delta T \tag{6-8}$$

此时，光纤光栅可用作温度传感器。

如果温度和应变同时作用，由式（6-7）可得：

$$\varepsilon = \frac{1}{1-p_{\text{e}}}\left[\frac{\Delta\lambda}{\lambda} - (\alpha+\xi)\Delta T\right] \tag{6-9}$$

式（6-9）表明：已知光纤光栅谐振波长的漂移量及温度改变量，可以计算出光纤光栅的应变，此时，光纤光栅可用作应变传感器。

随着对光纤光栅传感系统的深入研究，其发展方向有：一是对传感器能同时感测应变和温度变化的研究，二是对信号解调系统的研究，三是对光纤光栅传感器的封装技术、温度补偿技术、光源稳定性、传感系统网络化等实际应用研究。特别是随着全光网络的发展，光纤光栅传感系统可以应用成熟的波分复用、时分复用和空分复用技术，以实现准分布式光纤传感，复用数目多、测量精度高、灵敏度高的光纤光栅系统网，将会在生产领域中有更广泛的应用。

6.6.2　分布式光纤传感器

分布式光纤传感技术通过测量光纤中特定散射光的信号来反映光纤自身或所处环境的

145

应变或温度的变化。分布式光纤传感技术包括在基础设施中集成光纤，一根光纤可实现成百上千传感点的分布式传感测量，实时监测由许多事件引起的温度、应变或机械压力波的变化。

分布式光纤传感器由连续分布的等长度的光纤传感单元组成，相邻的传感单元之间没有间距，因此分布式光纤传感器能获得整根光纤上各传感段的应变、温度的分布信息。分布式光纤传感器的最大特点是传感点多、传感器密度高且无盲区。如果把一根光纤沿长度方向划分为等长度的连续的光纤段，其中最小的光纤段作为一个传感单元，称为传感空间分辨率。不同分布式光纤传感器的解调技术，可获得的空间分辨率有差异。光纤具有尺寸小、重量轻、耐腐蚀、抗辐射抗电磁干扰、方便布设等特点，所以分布式光纤传感技术具有传统传感器不可比拟的优势，即一根标准的光纤可以作为一个长距离的扩展传感器，具有较高的空间分辨率，覆盖了广泛的关键基础设施区域。

分布式光纤传感器的工作原理是基于光学后向散射现象，通过测量光纤中的散射信号的变化，实现对外界物理量的测量。光波与光纤介质中的粒子相互作用产生散射，包括瑞利散射（Rayleigh Scattering）、布里渊散射（Brillouin Scattering）和拉曼散射（Raman Scattering），用于光纤传感的后向散射效应如图 6-6 所示。

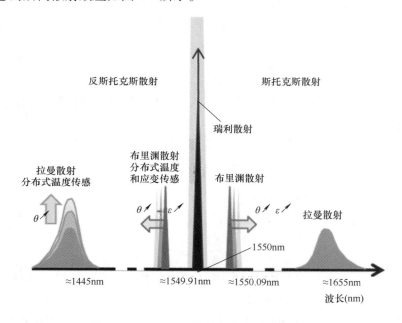

图 6-6　用于光纤传感的后向散射效应

瑞利散射光为弹性散射，光频率在散射过程中不会发生漂移。但当被测光纤置于温度场或应变场中时，受外力作用下光纤内部的折射率分布发生变化，导致光纤的瑞利散射信号光谱分布在距离域上发生平移。

布里渊散射过程是入射光、斯托克斯（Stokes）光和声波场的三波耦合过程。由于声波场的衍射作用，入射光的能量会向斯托克斯光转移。入射光和斯托克斯光之间存在一定频差，称为布里渊频移。因为频移是温度和应变的函数，所以可以通过测量布里渊频移实现对温度和应变的测量。

拉曼散射过程是由于光纤中光学声子的热振动和光子相互作用发生能量交换而产生的。如果一部分光能转换成热振动，将发出一个比光源波长长的光，为斯托克斯光；如果一部分热振动转换为光能，将发出一个比光源波长短的光，为反斯托克斯（Anti-Stokes）光。根据拉曼散射理论，两束反射光的光强与温度有关，可以借助反斯托克斯与斯托克斯光强之比来实现对温度的测量。

从光学信号测试方法的不同又可分为两类：光时域反射（Optical Time Domain Reflectometry，OTDR）技术和光频域反射（Optical Frequency Domain Reflectometry，OFDR）技术，通过探测分布式光纤中每一段的散射效应，解调其中的光信号来表征当前位置的应变、温度和振动等特性。三种散射原理的设备都有 OTDR 技术的仪器和 OFDR 技术的仪器，各类原理的分布式光纤传感技术的分类与对比见表 6-2。

表 6-2　分布式光纤传感技术分类与对比

原理	传感技术	传感距离	空间分辨率	测量参数	精度
瑞利散射	光频域反射（OFDR）	100m	1mm~1cm	应变/温度	$\pm 2\mu\varepsilon / \pm 0.2℃$
	光时域反射/分布式声波传感（OTDR/DAS）	20km/50km	1~10m	振动	—
拉曼散射	拉曼光时域反射（ROTDR）	10km	1m	温度	$\pm 1℃$
布里渊散射	布里渊时域反射（BOTDR）	50km	1m	应变/温度	$\pm 50\mu\varepsilon$
	布里渊时域分析（BOTDA）	50km	0.5m	应变/温度	$\pm 10\mu\varepsilon / \pm 0.5℃$
	布里渊频域分析（BOFDA）	20km	0.2m	应变/温度	$\pm 10\mu\varepsilon / \pm 0.5℃$

目前基于瑞利散射的 OTDR 技术非常成熟，产品在光纤链路诊断中广泛应用，但受限于探测光脉冲宽度，其空间分辨率与动态范围有限，测试中有盲区，难以满足较大动态范围和较高空间分辨率的应用领域，不适用于高精度测量领域。OFDR 技术恰好弥补了上述不足，具有超高空间分辨率，非常适合高精度、高分辨率领域的测量。如在光通信领域，可在待测光纤链路中轻松查找判别宏弯、接头、连接点和断点，精准测量插损、回损。此外，OFDR 技术传感距离约 100m，空间分辨率为 mm/cm 量级，测量精度可达 $\pm 1.0\mu\varepsilon / \pm 0.1℃$，适合于短距离、高分辨率、高精度的应变温度测量领域，如土木结构健康监测、复合材料疲劳检测、新能源汽车电池组温度监测等。

基于拉曼散射的 ROTDR 技术一般测量长度约 10km，分辨率在 m 量级，测温精度可达 1℃。主要用于分布式光纤测温，如电力电缆的表面温度监测、事故点定位及火情消防预警等。

基于布里渊散射的 BOTDR、BOTDA 及 BOFDA 技术，测量范围可达几十千米，空间分辨率约 0.5m，但布里渊散射原理的系统整个装置非常复杂，测量时间较长。可用于长距离的分布式应变温度测量，如岩土工程、石油管线、地质灾害监测等。

思 考 题

1. 试述金属电阻应变片与半导体电阻应变片应变效应的不同。
2. 气敏传感器有哪几种类型？简述电阻式气敏传感器的工作原理。
3. 为什么大多数气敏器件都装有加热器？
4. 试述电阻式湿敏传感器的基本原理、主要类型及各自的特点。

参 考 文 献

［1］ DUAN L Y，D'HOOGE D R，CARDON L. Recent Progress on Flexible and Stretchable Piezoresistive Strain Sensors：From Design to Application［J］. Progress in Materials Science，2020，114：100617.

［2］ PILLAI G，LI S-S. Piezoelectric MEMS Resonators：A Review［J］. IEEE Sensors Journal，2021，21（11）：12589-12605.

［3］ 孙浩哲，洪孝荣，纪昌银，等. 微纳光机械传感器研究进展［J］. 中国科学：物理学、力学、天文学，2023，53（11）：55-75.

［4］ 董健方，彭挺，高能武，等. GaAs 基霍尔传感器的研究进展［J］. 半导体技术，2018，43（8）：561-571.

［5］ 苑立波，童维军，江山，等. 我国光纤传感技术发展路线图［J］. 光学学报，2022，42（1）：9-42.

第7章
化学电源材料与器件

  化学电源又称电池，作为一种载能的装置或系统，一方面可以将物质储存的化学能转化为电能，另一方面也可以将过剩的电能以化学能的形式进行储存，在能源供给和能源储存等方面发挥着越来越重要的作用，成为目前新能源发展和利用的重要一环。化学电源从早期的锌锰原电池，到铅酸蓄电池、镍镉/镍氢电池，再到如今的锂离子电池、钠离子电池、超级电容器、燃料电池，化学电源的原理和技术经历了多次迭代。化学电源作为储能技术之一，具有物理、化学、材料、能源动力、电力电气等多学科、多领域交叉融合的特点，是重要的战略性新兴领域，在推动能源革命和能源新业态发展方面发挥着至关重要的作用。

  随着"碳达峰碳中和"双碳目标升级为国家战略，电化学储能作为能源和交通领域的关键技术越来越为人们所关注，化学电源必将成为支撑新能源和电动汽车等新兴产业最核心的技术之一。无论是如火如荼的新能源车行业，还是方兴未艾的储能产业，能量存储设备是最关键的一环。以电化学氧化还原反应为理论基础的化学电源能够避开卡诺循环的限制，拥有可高达80%以上的能量转换效率。利用电池将电能储存起来并在需要时释放的电化学储能技术，在新一轮能源变革中迎来新的发展机遇。

  锂离子电池是目前市场占比最大的电池。以磷酸铁锂、三元锂离子电池等为代表的动力电池作为产业第一大支柱，是未来5~10年新能源电池发展的"主力军"。对于锂离子电池的研究集中在提高能量密度方面，如无模组化、掺硅补锂、固态电池等。但随着能源革命的推进，由于锂的特性限制（锂离子电池的能量密度将接近极限）及资源限制，锂离子电池可能无法全面改变传统能源结构，难以同时支撑起电动汽车和电网储能两大产业的发展，故对非锂材料新型电池的研究也是各国研究的重点，包括钠离子电池、钾离子电池、金属-空气电池、氢燃料电池、核电池等。

  在储能技术方面，研究人员都在寻求效用、成本、安全性和应用场景这四个层面的最优解。对于储能效用好、安全性稍好、成本稍高的电池，可以应用在对便携性、移动性要求强的应用场景，例如汽车、机器人等；对于储能效用不那么高、安全性好、成本低的电池，可以应用在对空间、便携性没有限制的应用场景，如5G基站、工业储能；对于储能效用和安全性极高，但是成本也极高的电池，可以应用在航空航天领域。以固态、钠离子、高镍多元、铝-空气等为代表的众多新兴电池技术，将丰富新能源电池市场发展的多元化战略格局，延伸能量密度和通行里程上限，提高安全性和环境友好性，有助于新能源电池在不同适用场景应用拓展。

7.1 锂离子电池材料与器件

　　二次电池，又称为充电电池或蓄电池，是指在电池放电后可通过充电的方式使活性物质激活而继续使用的电池。二次电池本身是一个电化学体系，其工作原理就是有电荷转移的氧化还原反应。对于电池来说，氧化还原反应分别在两个电极上发生，存在一定空间距离，这两个反应被称为电池的半反应。对于处于放电过程中的电池，阳极（负极）发生氧化反应，阴极（正极）发生还原反应，在放电过程中电池的负极失去电子和离子，而在电池正极得到电子和离子。

　　与一次电池相比，二次电池可以反复充放电，具有更高的能量密度和更长的使用寿命。目前市面上常见的二次电池主要包括锂离子电池、镍氢电池和铅酸电池等。这些电池的电压和容量各不相同，因此在使用时需要根据具体需求进行选择。其中，锂离子电池是目前最受欢迎的二次电池之一。它具有高能量密度、自放电率低、无记忆效应等优点。锂离子电池的充电速度也很快，可以在短时间内充满电。因此，锂离子电池在移动设备、电动汽车和储能领域都有广泛的应用。

　　以锂离子电池为例，电池结构一般由 5 个部分组成（图 7-1），包括正负极、电解质、隔膜和外壳。

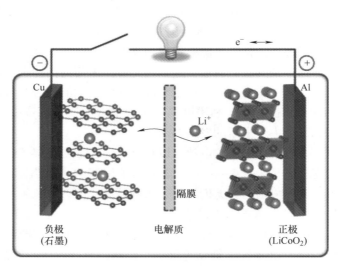

图 7-1　锂离子电池的结构示意图

　　1）电极：分为正极（Cathode）和负极（Anode），由活性物质、导电骨架和添加剂等组成。其中，活性物质参与电极反应，决定电池基本特性。对于电极的基本要求是具有高比容量、不易与电解液反应、材料便于获得和制造。

　　2）电解质（Electrolyte）：正负极间用于传递电荷的载体，有液态、半固态和固态类型，无论何种电解质，都要求具有高电导率、成分稳定、使用方便。

3）隔膜（Separator）：位于正负极之间，用于传递电荷及防止正负极活性物质直接接触的薄膜。隔膜需要具备一定的机械强度及抗弯曲能力，同时对电解质离子运动的阻力越小越好，且自身具备化学稳定性。

4）外壳：即电池的容器，具有高机械强度、耐高低温环境、能经受电解质腐蚀等特点。

7.1.1　锂离子电池正极材料

锂离子电池正极一般为含锂的过渡金属氧化物（Co、Ni、Mn）或聚阴离子化合物，是电池发挥性能的基石之一。正极微观构造主要可分为层状、尖晶石和聚阴离子型三类。其开发目标主要为提升能量密度，过程中叠加其他性能的逐步改善，正极能量密度呈螺旋式上升的状态。

正极材料发展至今，主要经历了钴酸锂（LCO）、锰酸锂（LMO）/磷酸铁锂（LFP）及镍钴锰（NCM）/镍钴铝（NCA）三个阶段。LCO至今应用于3C（计算机、通信和消费电子产品）领域，但因寿命短、安全性差及钴价较高等原因，未在动力电池领域应用；相比之下，LMO与LFP提升了寿命与安全性，满足了动力电池的使用要求；NCM/NCA进一步提高了能量密度，但牺牲了部分安全性与寿命性能。

从表7-1可以看出，提高能量密度的材料优选NCM（$LiNi_xCo_yMn_{1-x-y}O_2$）。镍、钴、锰有不同的性能特点，因此可通过调节配比调控NCM性能。各元素性能可简单概括为：镍与能量密度性能正相关，与循环性负相关；钴与倍率及循环性正相关，与成本负相关；锰与安全性正相关，与能量密度负相关。当以能量密度为核心应用目标时，NCM走向高镍化趋势（镍配比80%或更高），降本的同时牺牲了热稳定性，因此也不得不在辅件/系统层面进行热管理提效相关的改进。

表7-1　正极材料性能参数对比

名称	电压平台/V	理论比容量/(mA·h/g)	实际比容量/(mA·h/g)	电芯比能量/(W·h/kg)	循环寿命/次
碳酸铁锂（LFP）	3.3	170	130~140	130~160	2000~6000
镍钴锰酸锂（NCM）	3.6	273~285	160~220	180~250	1500~2000
镍钴铝酸锂（NCA）	3.7	275	180~190	210~300	1500~2000
锰酸锂（LMO）	3.8	48	100~120	130~220	500~2000
钴酸锂（LCO）	3.7	274	135~150	180~240	500~1000
镍锰酸锂（LNMO）	4.7	146.7	130~150	180~250	>2000

从安全性方面考虑，则首选LFP。LFP高安全性的本质为其晶体结构中P—O键非常的稳固，分解温度约600℃，且无氧气产生，因此不像LCO易发生结构崩塌或被氧化，或是NCM在200~300℃即分解并释氧加速燃烧。

正极材料发展的主线是提高能量密度。其主要路径有提高比容量和工作电压两条线，对应到材料为NCM高镍化、富锂化和高压正极。从短、中、长期视角来看，应用趋势如下：

1）短期（1~2年），高镍正极产业化进展最快，仍需关注安全性等方面的改善。"高镍"镍含量在60%及以上，高镍化过程是不断调整Ni与Mn/Al配比的过程，最终目标是

"无钴化"。一方面提升正极比容量，随 Ni 含量增加，材料实际放电比容量可由 NCM111 的 150mA·h/g 提高到 NCM811 的 200mA·h/g 以上。另一方面可以降低成本，按金属钴价 30~46 万元/t 计算，NCM811 较 NCM523 的单位容量成本降低 8%~12%。

但是，高镍牺牲了安全性，对电池设计、制造要求更高，导致早期产品良率较低。高镍化带来结构稳定性风险，催生晶型单晶化。单晶相比多晶颗粒直径更小（从 10μm 减小到 2~5μm），晶粒一次性成型且取向一致，因此结构更为致密，具有更好的结构稳定性和耐高温性能。短期内因技术水平限制，单晶高镍量产规模不大，单晶中镍高压是比较现实的商用过渡型产品。而且高镍理化性质较低镍差异较大，材料选用、设备及环境方面的配置变动抬升了材料、工艺及资本层面的进入门槛，行业集中度较高。

高镍迈向"无钴"的关键在于"代钴"元素的引入。特斯拉 Jeff Dahn 研究发现，高镍化后钴的作用较小，因此廉价元素取而代之便成为可能。当前"代钴"元素主要以铝为主，通过离子掺杂技术等改性方式实现，产品以 NCMA、NMA 为主。

2）中期（3~5 年），富锂锰基、高电压正极等更满足比能要求，但需克服其他组分匹配问题。中期路线主要引入了 Mn 及其氧化物，包括富锂锰基、镍锰酸锂（LNMO）、磷酸锰铁锂（LMFP）等。

富锂锰基材料可以看作是由 Li_2MnO_3（LMO）与 NCM 两种层状结构复合而成的材料。"富锂"指该材料相比传统正极材料，能可逆地脱嵌出更多的锂，因而具有高的理论比容量（从 280mA·h/g 提升到 320~350mA·h/g），且成本与 LFP 接近。但由于富锂锰基结构复杂，增加了材料机理研究的难度，同时倍率、安全性及循环性能差，阻碍了商业化应用。另外，富锂锰基材料虽然具备 4.5V 高电压平台，但工作时阳离子易迁移及发生重排，导致晶格塌陷，进而电压发生一定程度的下降。

LNMO 基于 LMO 发展而来，Ni 与 Mn 含量 1:1 时形成的 LNMO 具备 4.7V 高电压平台，且比容量与 LCO 相近，使得理论能量密度超过 500W·h/kg。同时由于电压平台高于 Mn 离子氧化还原电位，无 LMFP 结构变化问题，材料循环稳定性较好。但由于制备过程中内部存在大量锂镍混排以及较多杂质，实际难以获得高的电池活性，增加了产业化难度。

LMFP 通过掺杂 Mn 到 LFP 内形成，具备 4.1V 高电压平台。但由于 Mn^{3+}/Mn^{4+} 氧化还原电位在 4V 左右，与电压平台接近，导致 Li^+ 嵌入和脱出时 Mn^{3+}/Mn^{4+} 发生氧化还原反应，使得晶体结构变化，电池循环性能下降。

3）长期（8~10 年），正极无锂化，将对传统电池体系带来革新。理论上，正极的最高阶是无锂正极，即元素周期表右上方元素（电化当量小、电极电位高），如 F、Cl、O、S 等。该类元素作为正极具备高比能，还因其能通过可逆化学转换反应机理与金属锂负极发生反应（而非传统的嵌入脱出机理），相关转化反应可充分利用材料所有的化合价，因而循环过程交换电子多，电池电压高。根据热力学计算筛选出低成本、低毒、比能量>1200W·h/kg 的部分无锂正极有过渡金属氟化物、硫化物和氧化物。以现有电池工艺和固态电解质技术，电池能量密度预计可达 1000~1600W·h/kg 和 1500~2200W·h/L。

7.1.2 锂离子电池负极材料

负极是储锂主体，选用时遵循比容量高、电势低、循环性能好、兼容性强、稳定性好与价格低廉等原则。

目前应用最广的负极材料为碳系负极，包括天然石墨、人造石墨与无序碳等。碳系材料的储锂机制为嵌入型，即材料微观结构具备一定的冗余空间，锂离子通过嵌入脱出来完成充放电循环过程。碳基材料种类较多，差异主要体现在比容量与首次效率：天然石墨成本低，但首次效率与倍率性能稍弱，主要应用于消费类电池。人造石墨通过前驱体、改性等工序改善了天然石墨的表面缺陷，开始规模化应用于动力电池，出货量占所有负极材料的比例已超80%。

钛酸锂储锂机制同碳基材料，目前有小规模应用：钛酸锂（$Li_4Ti_5O_{12}$）为尖晶石型构造，循环稳定性高，安全性能优势突出，但也有比容量低、倍率性能差等劣势，且成本较高，在公共交通领域有一定应用。

预计在短期内，碳材料仍然是重要的负极载体。未来中短期以至长期，基于不同的储锂机制，碳硅负极、硅负极、金属锂负极将开始尝试应用，其可用性一方面依赖自身的技术进步，同时也需要其他体系如正极、电解质的同步迭代来配合支撑。

负极材料储锂机制分为三种类型，包括嵌入型、合金型和转化型，见表7-2。嵌入型负极材料通过将锂离子嵌入其层间隙进行储锂，合金型负极材料通过与锂离子发生合金化反应进行储锂，转化型负极材料通过与锂离子发生可逆的氧化还原反应进行储锂。

表 7-2　负极材料性能参数对比

储锂机制	名称	电压/V	理论比容量/ ($mA \cdot h/g$)	实际比容量/ ($mA \cdot h/g$)	循环寿命/次	首次效率
嵌入型	天然石墨	0.1~0.2	372	345	<1000	90%
	人造石墨				1500	93%
	中间相炭微球（MCMB）				500~1000	94%
	钛酸锂	1.0~2.5	175	162	>25000	99%
合金型	硅（Si）	0.01~3.0	4200	2725	>400	早期
	锡（Sn）	0.01~3.0	994	845	260	
	铋（Bi）	0.01~3.0	384	300	344	
转化型	硫化锌（ZnS）	0.01~2.5	963	438	—	
	四氧化三钴（Co_3O_4）	0.01~3.0	890	1187	180	
	二硫化钴（CoS_2）	0.01~3.0	695	737	—	

碳系材料储锂机制为嵌入型，比容量上限为372mA·h/g，现有市场高端产品已达360~365mA·h/g，接近理论上限。此外，碳系材料嵌锂电位为0.05V，循环时难以解决锂枝晶问题。负极行业替碳需求驱动较强。

硅基储锂机制为合金型，比容量上限提升可达11倍。由于新生成的合金化合物体积增大，在循环时会造成负极材料的膨胀与收缩（320%形变，对应碳基仅12%），进而影响循环稳定性甚至负极失效。另外，硅基与其他材料也存在耦合问题，导致其导电性及初始活性等性能也较差，总体上便阻碍了硅基材料的应用。

为解决上述问题，产业层面对硅基负极进行了改性处理，针对性解决：①膨胀问题：硅氧化、纳米化；②首次效率问题：预锂化、补锂添加剂；③膨胀、导电与活性的综合问题：

153

复合化（主要是碳硅复合）、多孔化、合金化。

长期来看，金属锂负极因高比容量、低电位而具有应用潜力，但还需要较长时间解决其固有缺陷，如锂枝晶带来的安全风险等。在中短期内，金属锂负极还是以示范、细分领域应用为主，未来5~10年内渐进式演进后逐步进入动力电池领域。

7.1.3　锂离子电池电解质

目前电解质为有机液态，主要由溶质、溶剂及添加剂组成。因下游需求不同，形成多元的电解质产品。主流电解质产品基本定型，短期内贴合下游应用场景变化进行针对性改良；长期将完成由液态、半固态到固态的转变，大幅提升电池安全性。

从图7-2可以看出，电解液包括溶质、溶剂和添加剂三部分。溶质成分为锂盐，核心参数主要有离子迁移率、离子对解离能力、溶解性、热稳定性等。$LiPF_6$ 是主流溶质产品，成膜性能较优、电化学窗口宽且污染小，但也具有低温下易结晶、热稳定性差且对水敏感等缺陷。当前正在开展 LiFSI 的应用尝试，双氟温区大于六氟，且循环寿命、放电倍率及安全性更好。

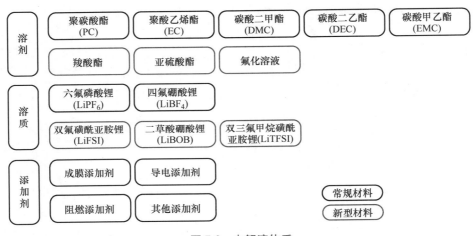

图7-2　电解液体系

溶剂主要为酯类有机物，主流溶剂有环状碳酸酯（TFPC、PC、EC）、线性碳酸酯（DMC、DEC），新型溶剂有羧酸酯、亚硫酸酯等。其中环状碳酸酯类溶剂介电常数很高，黏度较大，线性碳酸酯类溶剂指标相反。由于单一材料各有优劣，应用时一般混合多种溶剂使用。

添加剂可局部改善电解液性能。根据用途可分为成膜添加剂、电解液稳定剂、阻燃添加剂、导电添加剂、防过充添加剂和其他添加剂等。成膜添加剂应用普遍，其主要功能为在首次充放电时可率先在负极形成 SEI（固体电解质界面）层，从而改善电池性能。

在全固态锂电池技术趋势下，电解质将逐渐完成液态、半固态、固态的转变。固态电解质具备高电化学稳定窗口（5V以上）、高机械强度、阻燃性高、不挥发、易封装等优点，可大幅提高电池能量密度及安全性。但应用挑战在于固态形式下，电解质电导率低，界面阻抗高。

目前固态电解质研发方向主要有聚合物型、无机型和有机-无机复合型三种。其中：①聚合物型：由聚合物基质和锂盐组成，相比于无机型柔顺性、成膜性更好且重量较轻，但电导率更低；②无机型：主要有氧化物、硫化物两类，氧化物电导率、电化学窗口较高，但需要额外包覆等工序防止其被 Li 还原，而硫化物电导率相对更高，且更易加工，但硫本身易被氧化，导致其电化学窗口窄，生产环境要求高；③有机-无机复合型：在聚合物内添加无机粒子（提高导电性能）。

7.1.4 锂离子电池隔膜

隔膜是隔离正负极（防止短路）且保证离子正常通过的聚合物薄膜。其性能直接影响电池安全性，同时一定程度上影响能量密度、循环性能、充放电电流密度等指标。膜材料产业十分成熟。中短期内主要进行轻薄化迭代，同时配合电池功率的提升对应开发耐高温材料。长期存在被固态电解质替代的可能性。

目前商业化隔膜以聚烯烃为主，包括聚丙烯（PP）、聚乙烯（PE）、聚丙烯和聚乙烯复合材料等。隔膜行业上游材料为主流化工产品，产品性能受工艺影响较大（而非材料本身）。其中，加工工艺分为干法和湿法两类，湿法隔膜一致性、强度等指标优异，主要应用于中高端电动汽车、中高端消费电子等领域。

湿法隔膜生产工艺复杂、技术门槛高、成本高。需要先通过混合-萃取制备基膜（热稳定性与吸液性较差），再进行涂覆处理，包括无机-有机复合改性、有机-有机复合改性两类路径。由于多种材料不同排列组合后产品性能各异，因此实际生产时往往会将不同浆料进行混合涂覆，核心技术体现在浆料配方及混合配比中。

在保障安全性的基础上，隔膜一方面将进一步趋于轻薄化，以提升能量密度。另一方面将开发热稳定性材料，以满足高功率动力电池对安全性的要求。液态锂电池将在较长时间内存在，半固态电池仍需隔膜应用。未来 5~10 年内固态电池取得颠覆性进步后，在部分场景下将不再需要隔膜。

7.1.5 锂离子电池结构改进

结构创新是在材料体系约束下的渐进式革新。传统电池结构为三级结构，即电芯（Cell）-模组（Module）-电池包（Pack）。在既定的材料体系下，电池结构创新主要在电芯与系统两个层面开展。其中，电芯层面的结构创新是基础，主要围绕提高安全性、一致性与空间利用率目标进行。而电芯品质的提升降低了部分辅件系统价值，进而支持了系统层面的集约化改进。

结构创新的核心驱动为增加电池系统的实际带电量。车载场景内车辆底盘空间有限，整个电池系统需要尽可能多地提高功率组件（电芯）占比，未来动力电池系统将向大尺寸模组、无模组方向发展。

基于电池现有的封装方式，电芯层面在方形和圆柱路线上均有结构创新落地，具体体现为方形路线下的长电芯方案与圆柱路线下的大圆柱方案：

1）长电芯方案：以比亚迪刀片电池、蜂巢短刀电池等为代表。核心逻辑为将方形电芯进行串联并排，缩减合并重复的辅助结构件，进而形成扁平长薄的电池单体，该单体既是能量组件也是结构组件。

2）大圆柱方案：以特斯拉发起的 4680 电池为代表。核心逻辑也是减少辅助结构件，但 4680 电池通过做大单体电芯，减少了电芯数量并增大了电芯支撑力，进而减少电池辅件。同时 4680 电池采用无极耳结构，使得电子运动距离大幅缩短，内阻减少，带来更高的能量密度（300W·h/kg）、输出功率（峰值 1000W/kg）与更好的快充性能（15min 充 80%）。

系统结构的创新整体体现出大模组化、去模组化、集成化的特征。其主要思路是在系统集成过程中去掉冗余的零件，优化功能设计，进而降低工艺复杂度，节约材料使用，最终将电池与整车进行整合集成。早期电芯在单体层面一致性、稳定性差，采用电芯-模组-电池包三级架构可以增强电池安全性、降低生产及维修成本。随着单体电芯品质提升，能量密度提升与降本需求驱动电池去模组化与整车集约化。就具体技术而言，主流路线可以分为 Cell to Pack（CTP）、Cell to Chasis（CTC）两大类。

1）CTP 技术：宁德时代从 2019 年至 2022 年 7 月已迭代 3 次，电池空间利用率从 55% 提升至 72%，目前已完全取消模组，转而用集约化的多功能夹层替代。该夹层兼具液冷、支撑、缓冲功能，提高了电池散热效率与热管理反应时间，在保障安全及寿命情况下更好地适配 4C 快充。对应三元高镍能量密度 ≥255W·h/kg（超过 4680 电池 13%），磷酸铁锂能量密度 ≥160W·h/kg。比亚迪在刀片电池基础上，对应不同尺寸的长电芯出具不同 CTP 方案，体积比能最高可增加 32%。

2）CTC 技术：宁德时代将电池重新布置的同时与三电系统集成，统一通过智能化动力域控制器优化动力分配和降低能耗，使得成本下降，重量减轻而提升续航（800～1000km），乘坐空间更大。

7.2 超级电容器材料与器件

电化学能量存储是一种重要的能量存储技术，它利用电化学反应将电能转化为化学能，并在需要时将其再转换回电能。这种能量存储技术的重要性在于它可以实现高效、可靠、可再生的能量转换与存储。电化学能量存储系统通常由电池和超级电容器两种主要装置组成。电池主要用于长期能量存储，其在充放电过程中通过化学反应实现能量转换。而超级电容器则用于短期能量存储，它的储能机制是在电极之间的电场作用下，将电荷分离并储存在电极表面。电化学能量存储在现代能源系统中具有广泛的应用。在可再生能源领域，如太阳能和风能等，电化学能量存储系统可以有效地平衡能源供需不平衡的问题，确保能源的稳定供应。此外，在电动交通领域，电化学能量存储也被广泛用于电动汽车和混合动力车辆中，提供高效的能量储存和释放功能。总体而言，电化学能量存储技术为实现可持续发展提供了重要支持，它在能源转换与利用方面发挥着至关重要的作用，为推动清洁能源和绿色发展做出了重要贡献。本节将介绍超级电容材料及其器件。

7.2.1 超级电容器的概念及基本原理

超级电容器，又称电化学电容器，是一种高性能电化学能量存储装置，具有快速充放电速度、长循环寿命和高功率密度的优势。它是传统电容器和化学电池之间的一种中间形式，结合了二者的优点。超级电容器的背景可以追溯到20世纪60年代，最初是作为研究和实验室用途而被发现的。然而，直到20世纪80年代末和20世纪90年代初，随着科学技术的进步，特别是纳米材料和电化学领域的突破，超级电容器才开始受到广泛关注并逐渐进入商业应用阶段。在早期研究阶段，超级电容器的电极材料主要采用活性炭，其储能机制是在电极表面的微孔和孔隙中吸附电荷。然而，活性炭电极的储能密度相对较低，限制了超级电容器的进一步发展。随着材料科学的进步，研究人员开始探索使用纳米碳材料、二维材料和金属氧化物等新型材料作为电极材料，从而显著提高了超级电容器的性能。1991年，日本学者Sakae Okubo首次提出了采用纳米碳材料作为超级电容器电极材料的概念，并成功制备了第一代纳米碳电极超级电容器。此后，超级电容器的研究进一步加速，并在电动汽车、储能系统、可再生能源等领域得到广泛应用。随着技术的不断创新和优化，超级电容器的容量、能量密度和循环寿命不断提高，同时成本也在逐渐降低。这使得超级电容器在电力系统、交通运输、电子设备等领域发挥着越来越重要的作用，成为一种有潜力替代传统化学电池的高性能能量存储解决方案。

如图7-3所示，超级电容器的基本原理是基于电荷的吸附和离子迁移的电化学过程。它是一种双电层电容器，其储能机制主要涉及两个相对电荷的电极之间的电荷分离和电化学反应。

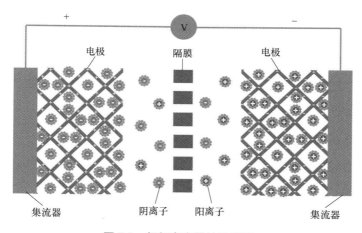

图7-3　超级电容器的示意图

（1）电荷分离和双电层形成　超级电容器的电极通常采用高比表面积的活性材料，如活性炭、纳米碳材料或二维材料。当电极与电解液接触时，电极表面会形成一个称为电荷双电层的区域。这是由电解液中的离子在电极表面上吸附而形成的电荷层。在电荷双电层中，正离子被吸附在负电极上，负离子则被吸附在正电极上，从而形成了电荷分离。

（2）电化学反应　当超级电容器充电或放电时，电化学反应在电极和电解液之间发生。在充电过程中，外部电源提供电能，使得电子从正极流向负极，正极上的阳离子则进入电解液中。这些离子通过电解液中的离子传输，最终到达负极，并在负极上进行吸附。反之，在放电过程中，电荷双电层中的正负离子重新结合，释放储存的电能。

（3）高能量密度与快速充放电速度　超级电容器的高能量密度和快速充放电速度归功于电荷双电层的形成和电化学反应的快速进行。由于电荷双电层的存在，超级电容器可以储

157

存大量的电荷，并且由于电化学反应速率快，超级电容器可以在短时间内实现快速的充电和放电。

总体而言，超级电容器的基本原理是通过电荷分离和电化学反应实现能量的储存和释放。这种电化学能量存储机制使得超级电容器成为一种高性能的能量存储装置，在许多领域中具有广泛的应用前景。

7.2.2　超级电容器的分类

根据结构和电化学机制，超级电容器可以分为以下两类：

1. 双电层超级电容器（Electric Double-Layer Capacitor，EDLC）

双电层超级电容器利用电解质表面的电荷分离现象，将电荷以双层离子吸附在电解质表面，从而实现能量的储存。其特点是具有高功率密度、高循环寿命和较低的能量密度。常见的双电层电容器电解质包括有机电解质和离子液体。

2. 赝电容超级电容器（Pseudocapacitor）

赝电容超级电容器采用具有可逆氧化还原反应的材料作为电极，储存电荷的过程涉及表面的氧化还原反应。相比双电层超级电容器，赝电容超级电容器具有更高的能量密度，但功率密度稍低。常见的赝电容材料包括金属氧化物（例如二氧化锰、二氧化钼等）和导电聚合物（例如聚苯胺、聚噻吩等）。

7.2.3　超级电容器件的构成

超级电容器的材料和器件主要包括以下部分：

1）电极材料：电极是超级电容器的重要组成部分，影响着电容器的性能。对于双电层超级电容器，常见的电极材料包括活性炭、碳纳米管、氧化石墨烯等。而赝电容超级电容器的电极材料则包括金属氧化物、导电聚合物以及二者的复合材料。超级电容器电极材料的研究进展一直是一个活跃的领域。科学家们一直在寻求更好的电极材料，以提高超级电容器的能量密度、功率密度和循环寿命。石墨烯是由单层碳原子组成的二维材料，具有优异的导电性和表面积。石墨烯电极可以实现高能量密度和高功率密度的超级电容器。此外，通过控制石墨烯的结构，如形状和氧功能化，可以改善其电容性能。活性炭（Activated Carbon）也是超级电容器常见的电极材料之一。它具有高表面积、多孔结构和良好的电导率，能够实现高电容性能。近年来，对活性炭的孔径结构和特殊处理方法的研究不断推进，以优化其储能性能。纳米材料具有较大的表面积和量子尺寸效应，对超级电容器电极材料的研究提供了新的方向。例如，金属氧化物纳米颗粒、碳纳米管和金属纳米结构等都被探索作为电极材料，以提高能量密度和功率密度。类似石墨烯的其他二维材料也受到关注。例如，过渡金属硫属化合物（Transition Metal Dichalcogenides，TMDs），如二硫化钼（MoS_2）和二硫化钨（WS_2）等被研究作为超级电容器电极材料，这些材料也表现出优异的电化学性能。碳化物材料，如碳化硅和碳化钛等，具有高导电性和化学稳定性，被认为是有潜力的超级电容器电极材料。聚苯胺（Polyaniline）和聚噻吩（Polythiophene）等导电聚合物具有良好的可控性和化学稳定性，被广泛研究用于超级电容器电极。为了进一步优化电极性能，一些研究也聚焦于开发复合材料,将多种材料组合在一起,充分利用各自的优势,如石墨烯和金属氧化物的复合电极。

2)电解质:电解质在超级电容器中扮演着传递离子的角色,促进电荷分离和储存。对于双电层超级电容器,常见的电解质包括有机电解质(如乙二醇、丙烯腈等)以及离子液体。赝电容超级电容器常使用的电解质包括硫酸钾、硫酸钠等。离子液体作为一种新型电解质,因其低挥发性、宽电化学窗口和良好的导电性而备受关注。它们可以用作双电层超级电容器的电解质,可以提供更高的电容性能和更广泛的温度适应性。向电解质中添加特定的添加剂可以改善电解质的性能。例如,添加纳米颗粒可以增加电解质的导电性,而添加稳定剂可以提高电解质的化学稳定性。研究人员也在探索开发选择性离子传输的电解质,以提高超级电容器的选择性和特定应用需求。在超级电容器的应用中,环境友好型电解质备受关注。例如,有机电解质可能会受到关于可再生和可降解性的研究,以减少对环境的影响。

3)离子交换膜(Ion Exchange Membrane):离子交换膜被广泛用于超级电容器中,用于隔离正负极,防止短路,并促进离子传输。研究人员在设计更高效的离子交换膜,以提高超级电容器的功率密度和稳定性。研究人员一直在寻找更好的材料用于制备分隔层,以满足超级电容器高性能的要求。常见的分隔层材料包括聚丙烯薄膜、纳米纤维素膜、纳米孔陶瓷膜等。新型材料的开发和改进可以提高分隔层的机械强度、电化学稳定性和离子传输性能。通过纳米孔技术可以实现分隔层的微观结构调控,从而改变离子传输的速率和选择性。一些研究中采用有序排列的纳米孔来调整分隔层的通透性,进而优化超级电容器的性能。为了改善超级电容器的性能,研究人员还在不断改进分隔层制备技术。例如,采用层状组装技术、界面工程等方法来控制分隔层的结构和性能,以实现更好的电解质传输和更低的内阻。除了防止电极短路,研究人员还在探索将分隔层设计为多功能层。这些多功能分隔层可以具有诸如自愈合、屏蔽电荷迁移等特性,以提高超级电容器的稳定性和安全性。环保性也是分隔层研究的重要方向之一。研究人员在寻找可再生、可降解的材料,以减少对环境的影响,并增加超级电容器的可持续性。

4)封装和电连接部件:超级电容器需要进行封装,以保护其内部结构和电化学组件,同时提供适当的电连接接口,方便与外部电路连接。研究人员正在寻找更好的封装材料,以提供对超级电容器内部结构的保护,并防止外部环境对其产生影响。高性能的封装材料应该具有优异的电绝缘性、热稳定性和化学稳定性。

随着超级电容器的广泛应用,对封装体积和重量的要求越来越高。因此,紧凑型封装设计成为研究的一个重点,旨在实现更高的能量密度和功率密度。超级电容器的性能通常受温度影响较大。因此,研究人员正在寻找具有良好温度适应性的封装和连接材料,以确保电容器在广泛的温度范围内稳定工作。超级电容器通常需要与其他电子设备或系统连接。研究人员关注高可靠性的电连接技术,例如焊接、压接等,以确保连接的牢固和稳定。在某些应用中,需要频繁更换电容器,因此快速连接技术变得越来越重要。研究人员正在寻找简便快速的连接方法,以提高生产效率和维护便利性。封装和连接技术也与超级电容器的安全性密切相关。此外,安全封装设计也是超级电容器应用的关键步骤,以避免电容器的短路和过热等问题,从而提高电容器的安全性。总体来说,超级电容器的封装和电连接部件的研究进展旨在提高电容器的性能、可靠性和安全性,以满足不同应用场景的需求。随着科学技术的不断进步,相信会有更多创新和改进,推动超级电容器在各个领域的广泛应用。

7.3 燃料电池材料与器件

燃料电池（Fuel Cell）是一种将化学能直接转换为电能的装置，能源转换清洁、高效。它不同于传统的燃烧过程，而是通过电化学反应将氢气或类似氢气的燃料和氧气（通常来自空气）直接转化为电能和水，产生的副产物只有水和热。这使得燃料电池成为一种环保、无排放的能源转换方式。燃料电池的研究和发展可以追溯到 19 世纪初。作为化学家和专利律师的威廉·格罗夫因其著名的电解水/燃料电池实验而被广泛认为是电池科学之父。格罗夫利用他的电解技术，将一种可以用来发电的反过程概念化。基于这一假设，格罗夫成功地制造了一种装置，可以将氢和氧结合起来发电（而不是分离发电）。这种装置最初被称为"马达加斯加电池"，后来被称为燃料电池。1959 年，英国工程师弗朗西斯·托马斯·培根演示了第一个完全可操作的燃料电池。他的工作令人印象深刻，获得了美国国家航空航天局的许可和采用。特别是质子交换膜燃料电池在 20 世纪 60 年代作为双子座和阿波罗载人航天计划的一部分被美国国家航空航天局实际使用。该燃料电池是定制的和非商业的，使用纯氧和氢作为燃料。然而，考虑到燃料的运输、固定和携带，其商业化推广一直有所限制。丰田公司长期致力于氢燃料电池汽车的研发，推进燃料电池的商业化应用，认为燃料电池汽车是新能源汽车的终极目标。2002 年，丰田燃料电池汽车在日本和美国限量销售，标志着燃料电池汽车的商业化应用。2014 年，丰田发布了第一代氢燃料电池车型，并计划将燃料电池系统应用于商用车、船舶、产业用发电等领域。2021 年，丰田发布了一种相对紧凑的模块化氢燃料电池，以应对各种应用场景。本节将介绍燃料电池的基本概念、材料及其器件。

7.3.1 燃料电池的概念及基本原理

燃料电池的基本原理是由氧化还原反应实现的。在典型的氢氧燃料电池中，其基本反应为：

$$2H_2(氢气) \longrightarrow 4H^+ + 4e^- \tag{7-1}$$

$$O_2(氧气) + 4H^+ + 4e^- \longrightarrow 2H_2O(水) \tag{7-2}$$

$$2H_2(氢气) + O_2(氧气) \longrightarrow 2H_2O(水) \tag{7-3}$$

如图 7-4 所示，燃料电池主要由阴极、阳极和电解质三部分组成，它们分别有着不同的功能。

1）阳极（Anode）：在阳极处，燃料（通常是氢气）在电解质的作用下发生氧化反应，产生电子和氢离子。

2）阴极（Cathode）：在阴极处，氧气与氢离子和电子发生还原反应，生成水。

3）电解质（Electrolyte）：电解质是分隔阳极和阴极的薄膜，它可以允许氢离子在阳极和阴极之间传递，但阻止电子的通过。

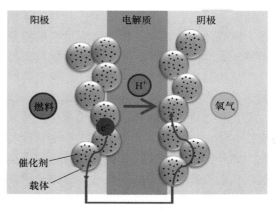

图 7-4 燃料电池的示意图

在燃料电池中，通过控制阳极和阴极反应的速率，可以实现控制产生的电流。将燃料电池的阳极和阴极通过外部电路连接，就可以提供电力用于驱动电动车辆、供应电网或用于其他需要电能的应用。

燃料电池的类型有多种，根据使用的燃料不同，可以分为氢氧燃料电池、甲醇燃料电池、乙醇燃料电池等。各种类型的燃料电池都有不同的适用场景和特点，但它们共同具备高效、环保、无排放的特性，被广泛研究和应用于未来清洁能源技术的发展。

7.3.2　燃料电池的分类

燃料电池（Fuel Cell）根据其工作温度、效率、应用和成本而有所不同。

根据燃料和电解质选择的不同，燃料电池可分为6大类。

1. 碱性燃料电池（AFC）

AFC利用碱性电解液氢氧化钾（KOH）在水基溶液中发电。如图7-5所示，OH^-在电解质中的存在使得电流的产生。在阳极，2个H_2分子与4个带负电荷的OH^-离子结合，释放出4个H_2O分子和4个e^-。

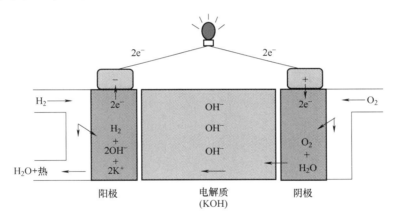

图7-5　碱性燃料电池的示意图

$$2H_2+4OH^- \longrightarrow 4H_2O+4e^- \tag{7-4}$$

在这个反应中释放的电子，通过外部电路到达阴极，与水反应生成OH^-离子。在阴极，O_2和2个H_2O结合并吸收4个e^-，形成4个带负电的OH^-离子。

$$O_2+2H_2O+4e^- \longrightarrow 4OH^- \tag{7-5}$$

AFC通常在60~90℃之间的温度下工作。然而，最近的设计可以在23~70℃的低温下工作。AFC是一种使用低成本催化剂的低温燃料电池。在这种类型的燃料电池中，加速阴极和阳极电化学反应最常见的催化剂是镍。AFC的电效率在60%左右，CHP（热电联产）效率在80%以上，可以产生高达20kW的电力。

美国国家航空航天局首次使用AFC为航天飞机任务提供饮用水和电力。目前，它们被用于潜艇、船只、叉车和小众运输应用。AFC被认为是最具成本效益的燃料电池，因其使用的电解质是KOH溶液，电极的催化剂是镍，与其他类型的催化剂相比，镍并不昂贵。而且由于消除了双极板，AFC 结构简单。AFC 通过消耗氢和纯氧来生产便携式水、热源和电源，其副产品水是饮用水，在航天器和航天飞机舰队中非常有用。AFC 也没有温室气体排放，运行效率高达 70%左右。尽管 AFC 有很多优点，但它很容易被二氧化碳毒害。AFC 中使用的碱性 KOH 溶液作为电解质，通过吸收二氧化碳转化为碳酸钾（K_2CO_3），从而毒害燃料电池。因此，AFC 通常使用净化空气或纯氧，这反过来又增加了运营成本。因此，科研人员一直在尝试找到 KOH 的替代品。

2. 磷酸燃料电池（PAFC）

磷酸燃料电池（PAFC）采用碳纸电极和液态磷酸（H_3PO_4）电解质。H_3PO_4 是一种无色透明液体，用于肥料、洗涤剂、食品调味剂和药品。H_3PO_4 的离子电导率在低温下较低，因此 PAFC 可以在 150~220℃的温度范围内工作。这种燃料电池的电荷载体是氢离子（H^+或质子）。它们通过电解液从阳极进入阴极，电子通过外部电路返回阴极，产生电流。在阴极一侧，电子、质子和氧之间的反应形成水，铂催化剂的存在加速了反应。由于磷酸在40℃是固态，PAFC 的连续操作和系统启动是一个问题。PAFC 示意图如图 7-6 所示。从阳极排出的氢分裂成 4 个质子和 4 个电子，发生的是氧化反应；而在阴极，发生的是还原反应，其中 4 个质子和 4 个电子与氧结合形成水。

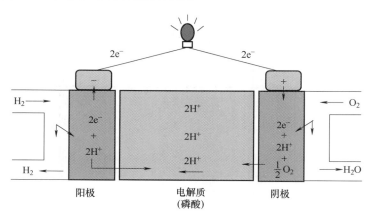

图 7-6　磷酸燃料电池的示意图

$$2H_2 \longrightarrow 4H^+ + 4e^- \tag{7-6}$$

$$O_2 + 4H^+ + 4e^- \longrightarrow 2H_2O \tag{7-7}$$

电子和质子分别通过外部电路和电解质，其结果是产生电流和热量。热量通常用于水加热或在大气压下产生蒸汽。然而，蒸汽重整反应会在电极周围产生一些一氧化碳（CO），这可能会毒害燃料电池并影响 PAFC 的性能。降低 CO 吸收的方法是提高阳极的耐温性。对 CO 的容忍度越高，阳极的温度容忍度就越高。在高温下，CO 在阴极进行反向电催化解吸。但是，与其他需要水才能导电的酸性电解质不同，PAFC 浓磷酸电解质能够在高于水沸点的温度下工作。

由于二氧化碳不会影响电解液或电池性能，因此 PAFC 不需要纯氧来运行，可以直接使用空气。此外，H_3PO_4 具有较低的挥发性和长期稳定性。但是其最初的成本很高，因为 PAFC 使用含氧约 21%（体积分数）的空气而不是纯氧，导致电流密度降低为原来的 1/3。

因此，通常将 PAFC 设计在堆叠双极板上，以增加电极面积，获得更多的能量，这意味着该技术的初始成本很高。目前，PAFC 系统处于商用阶段，容量高达 200kW，容量更高（11MW）的系统也已经进行了测试。此外，由于需要精细分散的铂催化剂涂覆在电极上，因此制造成本昂贵。这种类型的燃料电池的电效率在 40%～50% 之间，热电联产效率约为 85%，它们通常应用于固定场所。

3. 固体氧化物燃料电池（SOFC）

如图 7-7 所示，SOFC 是一种采用金属氧化物固体陶瓷电解质的高温燃料电池。SOFC 通常使用氢气作为燃料，空气作为燃料电池中的氧化剂。钇稳定氧化锆（YSZ）是 SOFC 最常用的电解质，因为它具有较高的化学稳定性和热稳定性，以及纯离子电导率。

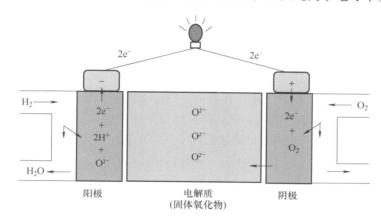

图 7-7 固体氧化物燃料电池示意图

氧在阴极（空气电极）1000℃的还原反应中被还原，而燃料氧化发生在阳极。阳极应该是多孔的，以传导燃料，并将燃料氧化的产物从电解质和燃料电极界面传输出去。

$$(1/2)O_2(g) + 2e^- \longrightarrow O_2^-(s) \tag{7-8}$$

$$O_2^-(s) + H_2(g) \longrightarrow H_2O(g) + 2e^- \tag{7-9}$$

SOFC 在数百兆瓦的大型分布式发电系统中得到了很好的应用。副产品的热量通常通过转动燃气轮机来产生更多的电力，从而将热电联产的效率提高到 70%～80% 之间。SOFC 系统可靠、模块化、燃料适应性强，有害气体（NO_x 和 SO_x）排放量低。SOFC 可以被视为无法接入公共电网的农村地区的本地发电系统。此外，SOFC 具有无噪声运行和低维护成本的优点。但是较长的启动和冷却时间以及各种机械和化学兼容性问题限制了 SOFC 的使用。研究者一直在寻找降低工作温度的可能解决方案，SOFC 可能会成为新一代动力能源。

4. 熔融碳酸盐燃料电池（MCFC）

MCFC 是一种高温燃料电池。其使用熔融碳酸盐混合物作为电解质，分散在多孔的、化学惰性的 β-氧化铝固体电解质（BASE）陶瓷基体中。如图 7-8 所示，在 MCFC 中，氢电极上的反应发生在氢燃料和碳酸盐离子之间，它们反应形成二氧化碳、水和电子。在阳极，原料气（通常是甲烷 CH_4）和水（H_2O）被转化为氢（H_2）、一氧化碳（CO）和二氧化碳（CO_2）。重整反应（Reform）如下。

$$CH_4 + H_2O \longrightarrow CO + 3H_2 \tag{7-10}$$

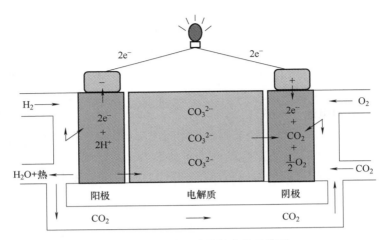

图 7-8　熔融碳酸盐燃料电池示意图

$$CO+H_2O \longrightarrow CO_2+H_2 \tag{7-11}$$

同时，两个电化学反应消耗氢和一氧化碳，并在阳极产生电子。式（7-12）和式（7-13）中的两个反应都使用了电解质中可用的碳酸盐离子（CO_3^{2-}）：

$$H_2+CO_3^{2-} \longrightarrow H_2O+CO_2+2e^- \tag{7-12}$$

$$CO+CO_3^{2-} \longrightarrow 2CO_2+2e^- \tag{7-13}$$

还原发生在阴极并生成碳酸盐离子。因此，在阴极产生的碳酸盐离子通过电解质转移到阳极。电流和电池电压可以在电极处收集。

$$(1/2)O_2+CO_2+2e^- \longrightarrow CO_3^{2-} \tag{7-14}$$

MCFC 目前用于天然气和燃煤电厂的电力公用事业、工业和军事应用。MCFC 的优缺点与其工作温度高密切相关。MCFC 可以直接使用氢气、一氧化碳、天然气和丙烷作为燃料，不需要贵金属催化剂进行电化学氧化和还原，也不需要任何基础设施开发来安装，但需要较长时间才能达到工作温度并产生功率。

5. 质子交换膜燃料电池（PEMFC）

如图 7-9 所示，在 PEMFC 中，氢被催化剂激活，在阳极形成质子离子并产生电子。质子穿过薄膜，而电子被迫流向外部电路并产生电流。然后电子流回阴极，与氧和质子离子相互作用形成水。在每个电极上发生的化学反应见式（7-15）和式（7-16）。

$$H_2(g) \longrightarrow 2H^+ +2e^- \tag{7-15}$$

$$(1/2)O_2(g)+2H^+ +2e^- \longrightarrow H_2O(l) \tag{7-16}$$

$$H_2(g)+(1/2)O_2(g) \longrightarrow H_2O(l) \tag{7-17}$$

PEMFC 由双极板和膜电极组件（MEA）组成。MEA 由分散催化剂层、碳布或气体扩散层和膜组成。膜的作用是将质子从阳极输送到阴极，并阻止电子和反应物的通过。气体扩散层是为了使得燃料分散更加充分、更容易反应。阳极上的电子通过外部电路产生电能。

PEMFC 是低温燃料电池，工作温度在 60~100℃之间。它是重量轻、紧凑的系统，启动过程迅速。由于电解质的固体性，PEMFC 中的电极密封比其他类型的燃料电池更容易。此外，它们的使用寿命更长，制造成本更低。使用 PEMFC 系统的汽车的总成本为 500~600 美元/kW，

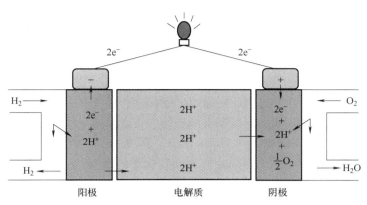

图 7-9 质子交换膜燃料电池示意图

是使用内燃机（IEC）汽车的 1/10。PEMFC 的总成本包括组装过程、双极板、铂电极、膜和外围设备的成本。从效率的角度看，工作温度越高，效率越高。然而，工作温度高于100℃将蒸发水造成脱水的膜，导致膜的质子电导率降低。PEMFC 的电效率在 40%~50% 之间，输出功率可高达 250kW。燃料电池汽车是 PEMFC 系统最有前途的应用领域。原因是人们对技术发展的可观察性，这可以显著提高这些系统在社区中的可接受性。燃料电池汽车可以成功地与传统的内燃机汽车竞争。然而，燃料电池汽车的初始成本高于内燃机汽车。

6. 直接甲醇燃料电池（DMFC）

直接甲醇燃料电池（DMFC）是 PEMFC 的衍生类型。由于低温运行、长寿命和快速换料系统的特点，它是一种适用于便携式能源目的的电源。此外，它们不需要充电，被视为清洁的可再生能源。如图 7-10 所示，DMFC 系统的能源为甲醇。在阳极，甲醇转化为二氧化碳（CO_2），而在阴极，利用空气中的氧气形成蒸汽或水。

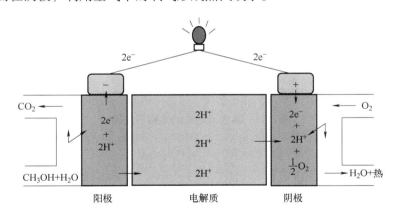

图 7-10 直接甲醇燃料电池的示意图

$$CH_3OH+H_2O \longrightarrow CO_2+6H^++6e^- \tag{7-18}$$

$$(3/2)O_2+6e^-+6H^+ \longrightarrow 3H_2O \tag{7-19}$$

DMFC 系统一般分为主动和被动两种。主动 DMFC 需要利用泵、阀等有源辅助器件控制燃料供给，采用水泵进行水循环可以显著提高系统效率。被动 DMFC 系统利用甲醇与空气的自然对流实现原料供给，取消了甲醇泵送装置和将空气吹入电池的外部过程。因此，空气中

165

的氧气通过电池的呼吸特性扩散到阴极。同样，甲醇由阳极和储液器之间的浓度梯度驱动，从集成的进料储液器中流向阳极。被动 DMFC 系统便宜、简单，能够大幅度减少寄生功率损耗和系统体积。甲醇在 DMFC 中以蒸汽或液体的形式使用。就电池电压和功率密度而言，蒸汽进料优于液体进料。甲醇的传质性能不理想，需要在阳极处进行高效的局部冷却。另一方面，DMFC 也有一些缺点，如膜脱水、寿命短、燃料汽化所需的温度高等。DMFC 系统功率密度偏低，最高功率建议≤1kW，因此重点应用集中在便携式、小功率离网领域。

质子交换膜（PEM）是 DMFC 中主要的部分，其主要提供低的水穿透性和高质子导电性，它还具有很高的热稳定性和化学稳定性。朝日化学的 Flemion 和来自杜邦的 Nafion 是最常见的全氟离子质子交换膜，它们都具有高的机械强度和高疏水性，水和甲醇穿过全氟磺酸膜会影响其性能。科学家们发现 PEM 可以通过被磺化或掺入无机陶瓷制备复合膜材料来克服这个问题。

7.3.3 燃料电池器件的构成

图 7-11 为氢燃料电池的结构示意图。

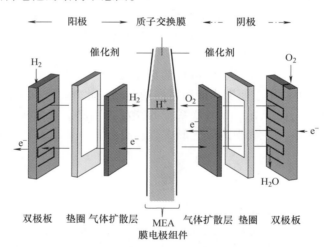

图 7-11 氢燃料电池的结构示意图

1）阳极材料：常见的阳极材料包括铂、铂合金、镍、铜等，用于氧化反应。

2）阴极材料：典型的阴极材料是氧化银或氧化镍，用于还原反应。

3）电解质材料：质子交换膜燃料电池通常使用氟碳素聚合物膜，而固体氧化物燃料电池使用氧化物陶瓷材料。

4）电流收集板：用于从电极收集电流，通常采用导电材料，如碳纳米管、导电聚合物等。

5）双极板（Bipolar Plate）：用于分隔和连接多个电池单元，常见材料有碳纤维增强复合材料、金属等。

燃料电池作为一种清洁高效的能源转换技术，持续受到广泛研究和应用。随着材料科学和工程技术的发展，燃料电池的性能和可靠性将继续提高，为清洁能源领域的发展做出贡献。

7.4 工程案例

特斯拉 Model 3 使用了其公司最新的电池配比技术，淘汰了松下 18650 电池，而改用 21700 新型电池，由在内华达州的"超级电池工厂"（Gigafactory）生产。同为圆柱形锂电池，21700 新型电池的规格为直径 21mm、长度 70mm，理论上限方面比 18650 型（直径 18mm、长度 65mm）更有利。为此，21700 锂电池率先被使用到 Model 3 中。

从优势上来说，21700 相对于 18650 主要在能量密度、成本、轻量化三方面进行了改善提升。

1）能量密度提升 6% 以上。如图 7-12 所示，21700 电池的能量密度要优于 18650 电池。在现有条件下，特斯拉生产的 21700 电池系统的能量密度在 260W·h/kg，比其原来 18650 电池系统的 245W·h/kg 约提高 6%。从松下动力锂电池单体的测试数据来看，其 21700 电池的体积能量密度远高于 18650 型电池单体。

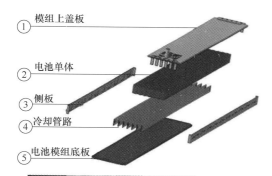

① 模组上盖板
② 电池单体
③ 侧板
④ 冷却管路
⑤ 电池模组底板

单体信息	电芯类型	18650	21700
	单体电芯电压/V	3.7	3.7
	单体电芯容量/A·h	3.1	4.8
	单体电芯重量/g	47	68
	单体电芯尺寸/mm	18.1(直径)×64.7(总高)	20.88(直径)×69.93(总高)
	单体质量能量密度/(W·h/kg)	245	260
	单体体积能量密度/(W·h/L)	694	733

图 7-12 特斯拉电池包示意图

2）电池系统成本下降 9% 左右。根据特斯拉披露的电池价格信息，预计 21700 的动力锂电池系统售价为 170 美元/kW·h，相比 18650 的售价 185 美元/kW·h，价格下降幅度可达 8.1% 左右。18650 系统的成本约为 171 美元/kW·h，改用 21700 后，系统成本约能实现 9% 左右的降幅，达到 155 美元/kW·h。

单体电芯容量提升后，电池包所需配件数同比例减少，带动电池包成本下降。从 18650 型切换至 21700 型后，电池单体电芯容量可以达到 3~4.8A·h，大幅提升 35%，同等能量下所需电池的数量可减少约 1/3。Tesla Model S 电动汽车使用 7104 节 18650 电池串并联成电池组；在新款 Model 3 上，采用 21700 后，电池节数必将大幅减少。在降低系统管理难度的同时将同比例地减少电池包采用的金属结构件及导电连接件等配件数量，特斯拉的电池包成本占总系统成本约 24%，预计电池包成本降幅较为可观。

3）轻量化降低 10%。采用新型 21700 电池之后，系统相比目前的电池减少了 10% 的组件和重量，从而进一步降低电池包的重量，整车的能量密度将得到部分提升。

Model 3 轻量化的思路更注重整车统筹考虑，综合了重量、性能、成本等各个方面，设计理念领先于国内水平。从整车轻量化布局来看，Model 3 以围绕高性能、高度集成、高轻量化的电池包进行搭建 E 平台，高能量、高性能的电芯是其优势中的核心。同时，通过高强度的车身进行保护，辅助电器、底盘的轻量化，最终形成整车轻量化一盘棋。

思 考 题

1. 锂电池和锂离子电池的区别是什么？
2. 检测锂离子电池的性能时，测试电压范围为什么限制在 2.0~4.2V 之间？
3. 超级电容器与传统电容器的区别是什么？
4. 影响超级电容器性能的因素有哪些？
5. 举例说明碱性燃料电池的应用情况。
6. 简述质子交换膜燃料电池的特点及目前面临的主要问题。

参 考 文 献

［1］ GONZALEZ A，GOIKOLEA E，BARRENA J A，et al. Review on Supercapacitors：Technologies and Materials ［J］. Renewable & Sustainable Energy Reviews，2016，58：1189-1206.

［2］ VANGARI M，PRYOR T，JIANG L. Supercapacitors：Review of Materials and Fabrication Methods ［J］. Journal of Energy Engineering，2013，139（2）：72-79.

［3］ CHATTERJEE D P，NANDI A K. A Review on the Rencent Advances in Hybrid Supercapacitors ［J］. Journal of Materials Chemistry A，2021，9：15880-15918.

［4］ MAHMOOD B M，AWAIS K M，HUSSAIN G I，et al. A Review of Advanced Electrode Materials for Supercapacitors：Challenges and Opportunities ［J］. Journal of Electronic Materials，2023，52（9）：5775-5794.

［5］ GOEL A，KUMAR M. Supercapacitors as Energy Storing Device：A Review ［J］. European Journal of Molecular & Clinical Medicine，2020，7（7）：3586.

［6］ GREENHALGH E S，NGUYEN S，VALKOVA M，et al. A Critical Review of Structural Supercapacitors and Outlook on Future Research Challenges ［J］. Composites Science and Technology，2023，235：109968.

［7］ PRAMUANJAROENKIJ A，KAKA S. The Fuel Cell Electric Vehicles：the Highlight Review ［J］. International Journal of Hydrogen Energy，2023，48（25）：9401-9425.

［8］ WU Y，BAO H，FU J，et al. Review of Recent Developments in Fuel Cell Centrifugal Air Compressor：Comprehensive Performance and Testing Techniques ［J］. International Journal of Hydrogen Energy，2023，48（82）：32039-32055.

［9］ GUAITOLINI S V M，YAHYAOUI I，FARDIN J F，et al. A Review of Fuel Cell and Energy Cogeneration Technologies ［C］//9th International Renewable Energy Congress（IREC）. Hammamet：IREC，2018.